**세상을 뒤집은
과학기술의 역사**

일러두기
이 책의 원서는 2024년 10월 일본에서 출간되었으며, 일본 현지의 사례가 일부 포함되어 있습니다.

불의 발견부터 AI까지

세상을 뒤집은

과학기술의

역사

과학기술은 어떻게
지금의 인류를 만들었을까?

시라토리 케이 지음 | 정한뉘 옮김

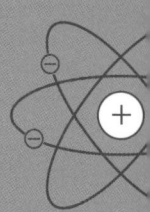

시그마북스

세상을 뒤집은 과학기술의 역사

발행일 2025년 9월 22일 초판 1쇄 발행
지은이 시라토리 케이
옮긴이 정한뉘
발행인 강학경
발행처 시그마북스
마케팅 정제용
에디터 양수진, 최연정, 최윤정
디자인 정민애, 강경희, 김문배

등록번호 제10-965호
주소 서울특별시 영등포구 양평로 22길 21 선유도코오롱디지털타워 A402호
전자우편 sigmabooks@spress.co.kr
홈페이지 http://www.sigmabooks.co.kr
전화 (02) 2062-5288~9
팩시밀리 (02) 323-4197
ISBN 979-11-6862-397-2 (03500)

"KAGAKU·GIJUTSU NO REKISHI" GA ISSATSU DE MARUGOTO WAKARU
© KEI SHIRATORI 2024
Originally published in Japan in 2024 by BERET PUBLISHING CO., LTD., TOKYO
Korean Characters translation rights arranged with BERET PUBLISHING CO., LTD., TOKYO,
through TOHAN CORPORATION, TOKYO and EntersKorea Co., Ltd., SEOUL.

이 책의 한국어판 저작권은 (주)엔터스코리아를 통해 저작권자와 독점 계약한 시그마북스에 있습니다.
저작권법에 의하여 한국 내에서 보호를 받는 저작물이므로 무단전재와 무단복제를 금합니다.

파본은 구매하신 서점에서 교환해드립니다.

* 시그마북스는 (주)시그마프레스의 단행본 브랜드입니다.

들어가며

 지구에 인류가 나타난 지 수백만 년. 인류의 역사는 과학기술의 역사이기도 하다. 세계가 뒤바뀔 때는 언제나 과학기술이 함께했다.

 사회에 변혁을 가져온 가장 오래된 기술은 석기를 비롯한 도구의 발명과 불의 발견일 것이다. 원시적인 도구를 사용하는 문명의 시대가 오랫동안 이어졌고, 인류는 그 도구를 조금씩 편리하고 더 좋게 개량해왔다.

 근대 과학기술의 발전과 함께 유용한 도구가 등장하는 속도는 점점 빨라졌다. 18세기에는 효율적인 증기기관이 등장하면서 공장에서 물건을 대량 생산할 수 있게 되었는데, 이는 오늘날과 같은 자본주의 사회가 형성되는 계기가 되었다.

 18세기 말에 발명된 볼타 전지 덕에 전기 에너지를 이용할 수 있게 되었다. 이후 전기는 순식간에 동력으로, 그리고 조명으로 사용되었으며 전기 통신과 무선 통신에도 도입되었다. 그리고 여러분도 잘 알다시피 20세기 중반에 컴퓨터가 등장하면서 사회는 더욱 극적으로 바뀌었다.

 예술, 문학, 정치사상 역시 사회를 바꾸는 힘을 지니고 있지만, 변화에는 오랜 시간이 필요하다. 그 점에서 과학기술은 다르다. 눈 깜짝할 새에 사회를 바꿀 수 있기 때문이다.

 하지만, 이런 변화는 수많은 문제를 일으키기도 했다. 매일같이 SNS에 확산되는 악성 댓글, 유언비어, 허위 영상물 확산 등이 대표적이다.

 디지털 문해력의 부족을 문제의 원인으로 지적하기도 하지만, 근본적인 원인은 과학기술이 발전하는 속도가 지나치게 빠르다는 데 있다. 이 때문에 우리는 충분히 이해하기도 전에 새로운 정보를 받아들여야 하는 상황에 놓였다.

그러나 과학기술로 이루어진 사회를 살면서 그로부터 눈을 돌릴 수는 없다. 그렇다면 어떻게 해야 할까? 과학기술의 역사를 사회, 경제, 정치와 같은 역사의 흐름과 함께 이해하는 것이 하나의 답이라고 생각한다.

중·고등학교 교육 과정에서 국사와 세계사를 가르치지만, 과학기술사까지 체계적으로 다루지는 않는다. 그러나 진정한 역사를 이해하려면 과학기술과 인류의 문화사를 아울러 배워야 한다.

이 책은 사회의 변화와 과학기술을 관련지어 바라볼 수 있도록 구성했다. 과학기술의 역사가 너무나도 광범위하게 펼쳐져 있어 책을 쓰는 동안 막막하기도 했다. 모든 내용을 충분히 설명하지는 못했지만, 유사 이래 과학과 기술이 인류와 얼마나 밀접한 관계를 맺어왔는지 이해해준다면 저자로서 더할 나위 없이 기쁠 것이다.

시라토리 케이

차 례

들어가며　　　006

서장 · 인류의 탄생부터 현대까지
과학기술사의 개괄

- **1** 인류의 탄생, 불과 도구의 발명 — 간단하게 돌아보는 기술의 역사 (1) ········ 014
- **2** 석탄, 석유의 이용 — 간단하게 돌아보는 기술의 역사 (2) ········ 019
- **3** 전기 에너지의 발명 — 간단하게 돌아보는 기술의 역사 (3) ········ 022
- **4** 과학과 과학기술의 차이 ········ 027
- ● 서장 연표

제1장 · 근대 과학의 시작
16세기부터 17세기까지

- **01** 가장 오래된 자연과학인 천문학의 발달, 달력과 수의 발명 ········ 034
  — 카이사르
- **02** 수와 단위의 발명 ········ 038
  — 추상적인 개념을 구체화하는 방법
- **03** 과학에서 기술로 ········ 040
  — 관측과 실험
- **04** 실험으로 자연을 연구한 갈릴레이 ········ 046
  — 근대 과학의 아버지
- **05** 천동설에서 지동설로 ········ 051
  — 코페르니쿠스, 브라헤, 케플러
- **06** 철학에서 시작된 과학 ········ 054
  — 데카르트
- **07** 근대 과학의 거인 ········ 058
  — 뉴턴
- **08** 나침반, 항해술, 지도 ········ 067
  — 메르카토르

09	망원경의 발명	072
	— 리퍼세이, 갈릴레이	
10	렌즈의 수차를 극복한 기술	075
	— 프라운호퍼	
11	현미경의 발명	080
	— 얀센 부자, 훅	
12	제지 기술과 인쇄 기술	084
	— 채륜, 구텐베르크	
13	화약과 대포의 발명	087
	— 노벨	
14	과학기술의 선구자	089
	— 다 빈치	
15	진공의 발견, 기체의 과학	092
	— 토리첼리, 게리케, 보일	
16	빛의 과학적 고찰: 입자인가 파동인가	096
	— 뉴턴, 하위헌스	
17	빛의 속도를 측정하다	099
	— 뢰머	
18	에테르는 존재하지 않았다	102
	— 마이컬슨, 몰리	

● 제1장 연표(13~17세기)

제 2 장 산업혁명과 사회의 변혁
18세기

19	새로운 동력, 증기기관	108
	— 뉴커먼, 와트	
20	온도계의 발명	112
	— 파렌하이트, 셀시우스, 켈빈	
21	전기의 발견 ①	115
	— 프랭클린, 갈바니, 볼타	
22	전기의 발견 ②	119
	— 외르스테드, 패러데이, 맥스웰	
23	전기의 발견 ③	122
	— 교류 발전기와 대규모 산업혁명	
24	새로운 우주의 발견, 성운(은하)	125
	— 허셜, 라플라스	

25	원소의 발견	130
	— 라부아지에, 돌턴	
26	전기 통신, 무선 통신, 전화의 발명	135
	— 모스, 마르코니, 벨	
27	열에너지 개념의 확립	140
	— 줄	
28	물질의 성분을 해석하는 스펙트럼 분석법의 등장	142
	— 분젠, 키르히호프	

● 제2장 연표(18~19세기)

제 3 장   근대에서 현대로
19세기

29	원소 주기의 발견	148
	— 뉴랜즈, 멘델레예프	
30	전자기파의 발견	153
	— 맥스웰, 헤르츠	
31	절대 영도의 발견	156
	— 보일, 샤를, 게이뤼삭, 오너스	
32	정보 기록 기술의 발명	160
	— 에디슨	
33	비행기의 공기역학과 조종법의 발명	162
	— 릴리엔탈, 라이트 형제	

● 제3장 연표(19~20세기 초)

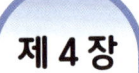

제 4 장   과학기술의 눈부신 도약
20세기

34	상대성 이론의 발표, 물리학을 바라보는 새로운 시각	170
	— 아인슈타인	
35	진공 방전관의 발명과 X선	175
	— 뢴트겐, 가이슬러, 크룩스, 플뤼커	
36	방사능의 발견과 핵물리학의 발달	178
	— 러더퍼드, 베크렐, 퀴리	

- (37) 양자역학의 등장 ·· 182
  — 플랑크, 아인슈타인
- (38) 양자역학의 완성 ·· 186
  — 드브로이, 슈뢰딩거, 하이젠베르크, 보어, 파울리
- (39) 입자물리학의 발달 ·· 190
  — 디랙, 페르미, 마요라나
- (40) 새로운 천문학의 등장 ·· 194
  — 허블, 호일
- (41) 우주 배경 복사의 발견 ·· 199
  — 펜지어스, 윌슨
- (42) 팽창 우주와 암흑 물질, 암흑 에너지 ·································· 202
  — 루빈, 펄머터, 리스
- (43) 핵분열의 발견 ·· 207
  — 한, 슈트라스만
- ● 제4장 연표(20세기)

제 5 장 정보 과학과 컴퓨터의 발달
20세기 후반

- (44) 트랜지스터의 발명과 반도체 집적 회로의 발달 ············· 214
  — 쇼클리, 바딘, 브래튼
- (45) 레이더의 발명, 안테나의 발달, 마그네트론 ····················· 220
  — 야기
- (46) 과학기술의 판도를 바꾼 레이저의 발명 ··························· 227
  — 타운스, 솔로
- (47) 계산기 이론의 등장 ·· 232
  — 튜링, 노이만, 섀넌
- (48) 우주 개발 기술의 발전 ·· 235
  — 이토카와, 폰 브라운
- (49) 항공 기술의 발전과 초음속 비행기의 등장 ····················· 239
  — 라이트 형제
- (50) 현대 과학기술에 이름을 남긴 과학자 ······························ 250
  — 오가와, 이지마, 후쿠시마
- ● 제5장 연표(20세기)

서 장

인류의 탄생부터 현대까지

과학기술사의 개괄

1 인류의 탄생, 불과 도구의 발명 - 간단하게 돌아보는 기술의 역사 (1)

● 과학과 기술의 의미

과학기술의 역사를 살펴보기에 앞서 인류가 탄생한 순간부터 과학기술이라는 수단을 손에 넣기까지의 역사를 짧게나마 짚고 넘어가면 어떨까. 예로부터 기술은 과학을 바탕으로 발전해왔기에 '과학기술'이라는 말로 한데 묶어 표현하지만, 자연과학처럼 기술과 직접적인 관련이 없는 과학 분야도 있다.

하지만 과학기술이 인류 문명의 발달에 핵심적인 역할을 했다는 점은 틀림없는 사실이다. 이 책에서는 과학, 그리고 그 과학을 공학적으로 응용한 기술을 아울러 '과학기술'이라고 부르고자 한다.

● 태양계의 탄생

태양계는 지금으로부터 약 50억 년 전에 탄생했다. 우주를 떠도는 가스와 먼지가 상대적으로 많이 모인 곳에 중력이 작용하여 가스와 먼지가 한데 뭉쳤고, 질량이 커지면서 원반 형태로 회전하기 시작했다. 소용돌이 중심의 밀도는 서서히 커졌고, 이윽고 온도가 1,000만 ℃를 넘으면서 핵융합이 일어났다. 핵융합은 수소 원자끼리 융합하여 헬륨으로 바뀌는 반응이다. 핵융합으로 새로운 원소가 만들어질 때 원자핵의 질량이 아주 약간 감소한다. 이 감소한 질량, 즉 에너지는 빛, 열, 전자기파 등 다양한 형태로 방출된다. 은하에 존재하는 수천억 개 이상의 항성이 빛나는 이유 역시 핵융합 반응 때문이다.

태양 주변을 떠다니던 가스와 먼지는 빛나는 원시 태양의 중력에 이끌려 다시 뭉치고, 커다란 원반 형태로 회전한다. 이 원반 안에서 공간의 밀도가 불균일한 '밀도요동'이 만들어져 밀도가 큰, 즉 중력이 센 부분 주위에 질량이 작은 물질이 모여들었다. 원반 안에서도 특히 태양 가까이 있던 가벼운 가스는 태양에서 방출된 태양풍을 비롯한 고에너지 입자에 의해 가장자리까지 날아갔다. 그 결과 태양 가까이에서는 수성, 금성, 지구, 화성 등 암석형 행성이, 그리고 태양에서 멀리 떨어진 곳에서는 목성, 토성, 천왕성, 해왕성 등 가스형 행성이 탄생했다.

지구가 독립된 하나의 행성으로 형태를 갖춘 시기는 약 46억 년 전이다. 이 당시 지구는 온도가 매우 높아 녹아내린 암석 덩어리에 불과했으며, 하늘에서는 행성이 되지 못한 크고 작은 암석 파편들이 떨어져 내렸다. 이후 원시 지구는 서서히 식어갔고, 마침내 약 44억 년 전에 바다가 생겨났다.

● **인류의 탄생**

시간이 흘러 약 38억 년 전에는 남조류라고도 하는 남세균이 탄생한 것으로 추정된다. 이 자그마한 생물은 태양 빛을 에너지 삼아 대기 중의 이산화탄소로 광합성을 하여 대기에 풍부한 산소를 공급했다.

약 5억 년 전 캄브리아기에는 현존하는 생물의 머나먼 조상 격인 생물들이 탄생했다. 짧은 기간에 수많은 생물이 등장한 이 현상을 '캄브리아기 대폭발'이라고 한다. 이후 수십억 년에 걸쳐 생물은 다양한 방향으로 진화했고, 화산 폭발과 급격한 기후 변동 등 5번의 대규모 멸종 위기를 지나 지금으로부터 약 450만 년 전에 드디어 인류의 조상이 등장했다. 최초의 인류 '오스트랄로피테쿠스'가 그들이다. 오스트랄로피테쿠스는 직립 보행을 하고 석기를 사용한 것으로 추정된다. 직립 보행을 하면서 인류는 양손으로 다양한 행동을 하고 물건을 다룰 수 있게 되었다.

약 150만 년 전에는 오스트랄로피테쿠스보다 진화한 호모 에렉투스가 등장했다. 베이징 원인과 자바 원인 등이 이에 해당한다. 그리고 약 30만 년 전에는 네안데르탈인이 출현했다.

약 20만 년 전에는 마침내 현생 인류의 직계 조상인 '호모 사피엔스'가 나타났다. 지금의 인류가 모습을 드러내기까지는 오스트랄로피테쿠스로부터 수백만 년이라는 긴 시간이 필요했다.

약 1만 년 전에는 극심한 추위가 이어졌던 빙하기가 끝나고 지구의 기후가 따뜻해지면서 인류의 활동도 활발해졌다. 수백만 년 동안 인류는 종의 변화 외에도 다른 동물과 큰 차이를 보였다. 바로 도구를 사용했다는 점이다(지구상의 생물과 인류가 탄생한 연대에 관해서는 여러 설이 있다).

대멸종 연표

1차 대멸종	약 4억 4,400만 년 전(오르도비스기). 화산 활동이 활발해지면서 지구 환경이 변해서 일어났다.
2차 대멸종	약 3억 7,200만 년 전(데본기). 해양 환경의 변화와 한랭화가 원인으로 추정된다.
3차 대멸종	약 2억 5,200만 년 전(페름기). 사상 최대 규모의 대멸종. 지구 생물의 90% 이상이 멸종했다는 설도 있다. 대규모 화산 활동으로 변화한 대기 환경이 원인으로 여겨진다.
4차 대멸종	약 1억 9,960만 년 전(트라이아스기). 대규모 화산 활동이 원인이다.
5차 대멸종	약 6,600만 년 전(백악기). 공룡이 멸종했다. 지름 10km가 넘는 운석이 떨어지면서 일어난 환경의 급격한 변화가 결정적인 계기였다.

● **도구와 불의 발명**

인류의 조상이 최초로 사용한 도구는 석기였다. 오스트랄로피테쿠스도 원시적인 석기를 사용할 줄 알았다고 한다. 인류는 약 250만 년 전부터 석기를 사용했고, 약 150만 년 전에는 뗀석기를 개발한 것으로 추정된다. 시간이 지나 인류는 돌을 날카롭게 갈아서 만든 간석기를 사용하기 시작했다. 그리고 약 50만 년 전에는 날카롭게 간 돌을 봉 끝에 동여매 창을 만들었다. 서로 다른 두 부품을 조합함으로써 더 강력한 무기를 개발한 것이다. 당시 인류의 조상이 도구를 효과적으로 사용하기 위해 다양

간석기(사진 제공: PIXTA)

한 시도를 했음을 엿볼 수 있다.

인류사를 크게 뒤바꾼 또 다른 요소는 불이다. 인류가 언제부터 불을 사용했는지 정확한 시기는 밝혀지지 않았지만, 약 50만 년 전에서 20만 년 전에 살았던 베이징 원인은 불을 사용할 줄 알았던 것으로 보인다.

불의 사용법을 깨달은 인류는 사냥한 동물의 고기를 열로 익혀서 먹기 시작했다. 그뿐만 아니라 인류는 추울 때 몸을 따뜻하게 데우거나, 인간을 위협하는 짐승을 한밤중에 마을 가까이 오지 못하게 막아주는 용도로도 불을 사용했을 터이다.

불을 사용하는 기술은 도구의 발전으로 이어졌다. 돌로 만든 석기에서 한 발짝 나아가 금속으로 만든 도구가 등장했다. 인류가 도구로 가공한 최초의 금속은 구리였다. 그러나 구리 자체는 강도가 낮았기에 주석을 섞어 만든 청동을 재료로 사용했다. 정확한 시기는 알 수 없지만, 기원전 3500년경 인류는 청동기와 철기를 사용한 것으로 추정된다. 구리의 녹는점은 섭씨 1,085℃이고 주석의 녹는점은 섭씨 232℃이므로 둘을 섞어 합금을 만들려면 그만큼 뜨거운 열이 필요했다. 석기가 최초로 등장한 이후 인류는 돌을 갈아 날카로운 간석기를 만들었고, 이후 돌보다 자유롭게 가공할 수 있는 청동으로 도구를 만들게 되었다.

약 4,000년 전부터는 원재료도 풍부하고 더 날카롭게 만들 수 있는 철이 널리 쓰이기 시작했다. 철에 탄소를 섞어 강도를 높인 강철이 탄생하고 담금질과 풀림 같은 열

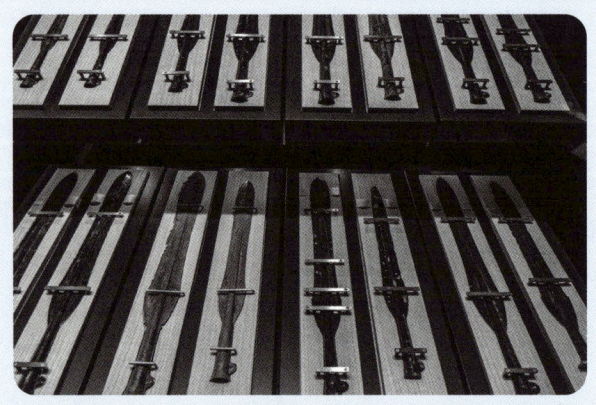
청동기(사진 제공: PIXTA)

처리 기술이 개발되면서 더 강력하고 날카로운 무기와 튼튼한 도구가 만들어졌다. 철기를 사용하기까지 수천 년이라는 시간이 걸렸지만, 그동안 고대인의 과학기술은 끊임없이 발전했다.

도구와 불의 발명은 인류의 공업 기술이 혁신적으로 발전하는 계기가 되었다.

● **언어의 발명**

음성 언어 역시 인류가 얻은 귀중한 도구이다. 인류가 언어를 구사하기 시작한 정확한 시점은 밝혀지지 않았지만, 동물들이 울음소리로 위험을 알리거나 감정을 표현하고 이성에게 구애하듯 원시인 역시 성대의 울림으로 소리를 냈으리라고 짐작된다. 지능의 발달과 함께 인류는 동물보다 구체적으로 의미를 전달하게 되었다.

그렇다면 문자는 언제 발명되었을까? 증거가 남아 있는 가장 오래된 문자는 약 5,000년 전 메소포타미아의 쐐기 문자이다. 어느 날 갑자기 문자가 탄생했을 리는 없고, 실제로는 더 오래전에도 문자는 존재했을 터이다.

언제인지는 몰라도 음성 언어가 문자보다 훨씬 이전에 발명되었다는 사실은 틀림없다. 언어는 소통의 도구로서 절대적인 힘을 발휘한다. 인류가 서로 정보를 전달하고 공유할 수 있었던 이유는 언어를 구사하여 소통했기 때문이다. 이는 지금도 마찬

쐐기 문자(사진 제공: PIXTA)

가지이다. 컴퓨터를 오프라인에서 독립적으로 사용할 때는 플로피 디스크 같은 기록 매체를 통해서만 정보를 전달할 수 있었기에 확산 속도가 매우 느렸다. 그러나 컴퓨터끼리 네트워크로 연결되자 정보 처리 속도는 비약적으로 빨라졌다. 그리고 1990년대에 인터넷이 보급되면서 전 세계를 뒤덮은 네트워크는 마치 신경계처럼 정보를 교환했는데, 이는 마치 인간의 뇌를 연상케 했다.

언어의 발명은 인류 역사 발전의 속도를 한층 끌어올린 원동력이었다.

2 석탄, 석유의 이용 - 간단하게 돌아보는 기술의 역사 (2)

● 기술 발전과 에너지 자원

고대 인류는 배를 채울 사냥감을 잡기 위해, 그리고 풍족한 생활을 더 편하게 이루기 위해 과학기술을 발전시켜나갔다. 그리고 발전 속도는 시간이 흐르면서 점점 빨라졌다. 17세기까지 인류의 과학기술은 점진적으로 발전했지만, 18세기가 되자 흐름이 급변했다. 기계 공업이 급속도로 발전했고, 사람들의 생활과 사회는 크게 달라졌다. 이 혁명적인 발전을 일으킨 불씨는 새로운 동력의 발명이었다.

1776년, 증기기관이라는 새로운 에너지가 발명되었다. 영국의 기술자 제임스 와트(1736~1819)는 영국의 공학자 토머스 뉴커먼(1663~1729)이 1712년에 발명한 증기기관을 산업용으로 개량했다. 증기기관은 보일러로 끓인 물에서 발생한 증기를 실린더로 보내 위아래로 움직이는 피스톤 운동을 회전 운동으로 바꾸는 장치이다. 회전하는 에너지를 끌어내면 오늘날의 전기 모터처럼 톱니바퀴와 벨트로 용도에 맞는 힘을 만들어낼 수 있다.

와트가 발명한 실용적인 증기기관 덕에 영국의 공업은 급격히 발전했다. 그 전까지 집 안이나 소규모 공장에서 이루어지던 작업을 큰 공장에서 체계적으로 수행해 제품을 대량 생산하게 되면서 산업 구조가 크게 바뀌었다. 이 변화를 '산업혁명'이라고 한다. 새로운 기술을 도입한 공업 생산 방식은 순식간에 전 세계로 퍼져나갔다.

에너지 자원 관점에서 보면, 18세기 산업혁명 당시에는 석탄이 주된 에너지원이었으나 19세기 중반 무렵 석유가 새로운 에너지원으로 등장했다. 1859년에 미국이 세계 최초로 석유 채굴에 나선 이후 러시아도 1870년대부터 채굴에 뛰어들었고, 19세

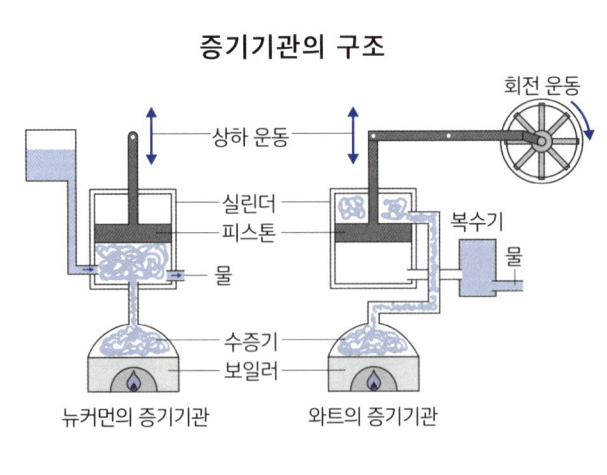

증기기관의 구조

기부터 20세기에 걸쳐 중동에서 본격적인 채굴이 시작되었다[출처:『石油便覧(석유 편람)』, ENEOS]. 석유는 오늘날 가장 중요한 에너지원이지만, 역사를 돌아보면 에너지원으로 쓰이기 시작한 지는 그리 오래되지 않았다.

석탄보다 에너지 밀도가 높고 큰 에너지를 끌어내는 석유를 이용할 수 있게 되면서, 과학기술의 발전 속도는 한층 빨라졌다. 1892년에는 독일의 기술자 루돌프 디젤(1858~1913)이 디젤 엔진을 발명했고, 1886년에는 마찬가지로 독일 태생인 고틀리프 다임러(1834~1900)가 내연기관이 탑재된 자동차를 발명했다.

내연기관은 폐쇄된 기관 내부에서 에너지원을 연소하여 동력을 얻는 장치다. 참고로 증기기관은 수증기, 즉 외부에서 만든 열을 이용하므로 외연기관이다. 소형화하여 에너지가 열의 형태로 잘 빠져나가지 않는 내연기관은 에너지 효율이 높고 증기기관보다 조작과 관리가 수월하다는 큰 장점이 있다. 이 때문에 자동차의 동력원으로 널리 쓰이며, 더 작고 가벼운 엔진이 필요한 비행기에도 탑재되었다.

라이트 형제로 유명한 형 윌버 라이트(1867~1912)와 동생 오빌 라이트(1871~1948)는 1903년에 세계 최초로 유인 동력 비행에 성공했는데, 이 역시 내연기관 덕분이었

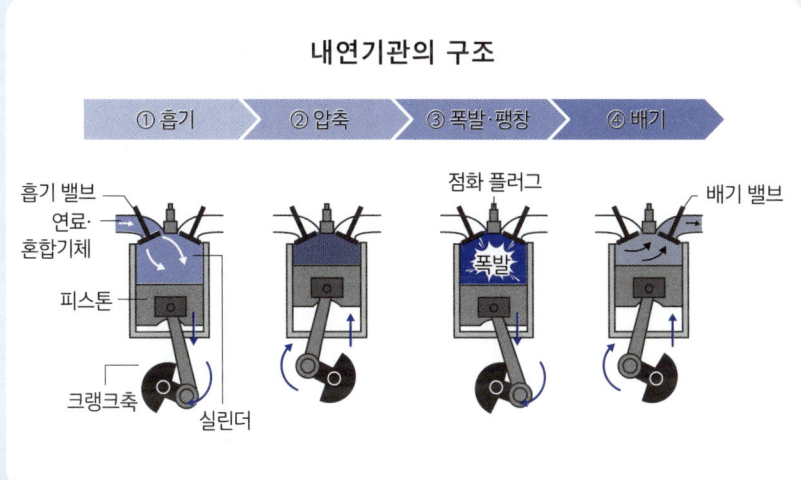

다. 증기기관을 탑재한 비행기의 아이디어도 있었지만, 장치가 지나치게 무거워 실제 비행은 불가능했다. 영국의 기술자 윌리엄 새뮤얼 헨슨(1812~1888)이 구상한 증기 동력 비행기(1842)가 그 예다.

증기기관, 석탄과 석유 및 새로운 에너지의 개발과 함께 과학기술은 극적으로 발전하기 시작했다. 그리고 마침내 전기 에너지가 등장했다. 인류 사회는 전기 에너지의 등장 전과 후로 나뉜다고 할 만큼 전기는 획기적인 발명이었다.

3 전기 에너지의 발명 - 간단하게 돌아보는 기술의 역사 (3)

● 전기 에너지의 등장

고대 그리스 사람들도 정전기를 통해 전기의 존재를 인지하고 있었지만, 정확히 무엇인지는 알지 못했다. 18세기 중반, 미국의 과학자 벤저민 프랭클린(1706~1790)은 번개가 치는 날 연을 날려 번개를 라이덴병에 담아 번개가 전기로 이루어져 있다는 사실을 증명했다. 참고로 프랭클린은 미국 독립 선언서 초안을 작성하고 미합중국 헌법 제정에 참여한 정치가로도 유명하다.

이때까지만 해도 사람들은 전기의 정체를 알고 싶다는 과학적 호기

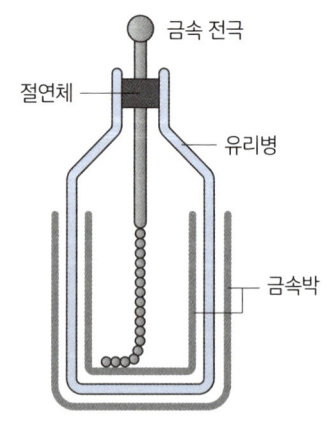

라이덴병의 구조

심에 따라 움직였지만, 점차 공학적으로 전력을 만들어내려는 실용적 시도에 초점을 맞추기 시작했다. 1800년, 이탈리아의 물리학자 알레산드로 볼타(1745~1827)는 아연과 구리 사이에 전해액으로 묽은 황산을 묻힌 천을 끼워 넣어 전기를 만드는 데 성공했다. 이것이 '볼타 전지'이다. 세계 최초의 전지인 볼타 전지를 발명한 업적을 기리는 의미에서 전압의 단위는 알레산드로 볼타의 이름을 따 볼트(V)가 되었다.

1820년, 프랑스의 물리학자 앙드레 마리 앙페르(1775~1836)는 전기와 자기장의 관계를 증명했다. 도선에 전류가 흐르면 전류가 흐르는 방향을 따라 자기력선이 시계 방향으로 형성된다. 이를 '앙페르 법칙' 또는 '오른나사 법칙'이라고 한다. 구멍에 나사를 박으면 시계 방향으로 돌아간다는 점이 자기력선과 같아서 붙은 이름이다.

앙페르의 발견을 알게 된 영국의 물리학자 마이클 패러데이(1791~1867)는 둥글게 감은 도선 내부 혹은 근처에서 영구 자석을 움직이면 코일에 전류가 흐르는 것을 발견했다(1831). 자기장의 변화로 전류가 발생하는 이 현상을 '전자기 유도'라고 한다. 패러데이의 발견은 근현대로 이어지는 제2차 산업혁명의 출발점이 되었다.

전자기 유도 현상의 발견을 계기로 전기로 움직이는 전기 모터가 발명되었고, 전력

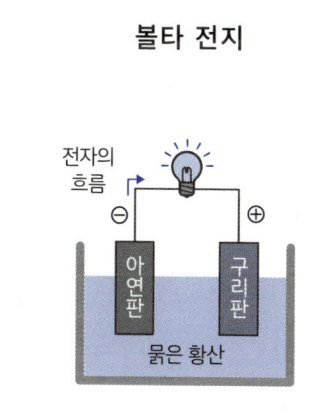

볼타 전지

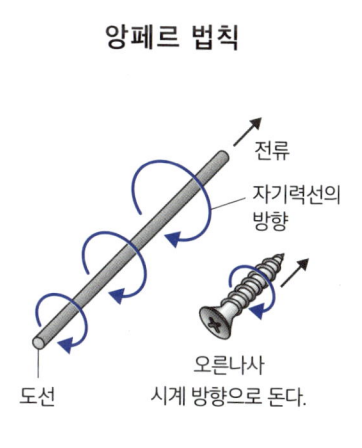

앙페르 법칙

이 새로운 동력원으로 자리 잡았으며, 생산·이동·운반 등 사회의 여러 분야에서 혁신적인 변화가 일어났다. 그리고 동력뿐만 아니라 조명에도 전기가 쓰이게 되면서 인간의 활동 시간은 밤까지 확장되었고, 이는 산업과 경제의 활성화로 이어졌다.

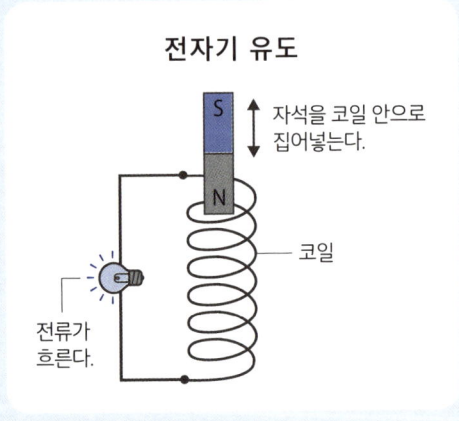

동력과 조명 외에 전기의 또 다른 핵심 응용 분야는 통신이다. 1837년에 미국의 새뮤얼 모스(1791~1872)가 짧은 음과 긴 음을 조합하여 알파벳, 숫자, 기호를 나타내는 모스 부호를 발명했고, 유선 전기 신호를 통신에 활용할 수 있다는 사실을 실험으로 증명했다. 1876년에는 미국의 물리학자 그레이엄 벨(1847~1922)이 전화를 발명하면서 통신은 세상을 바꾸는 요소로 자리매김했다. 벨이 전화를 발명하기 전에도 전화 개발을 시도한 사람은 많았다. 이탈리아의 안토니오 무치(1808~1889)는 1854년에 세계 최초로 전화를 발명하여 전화의 발명자로 불린다.

이탈리아의 기술자 굴리엘모 마르코니(1874~1937)는 1896년에 최초로 무선 통신에 성공했고, 1901년에는 영국과 북아메리카 대륙 사이의 약 3,200km라는, 당시로서는 초장거리의 무선 통신에 성공했다. 무선 통신의 발명으로 상대방에게 전선을 직접 놓을 필요가 없어지면서 소통이 비약적으로 발전했다.

● **컴퓨터의 등장**

20세기는 전기 에너지를 사용하여 산업과 경제가 눈부시게 발전한 시대였다. 이처럼 짧은 시간에 문명과 기술이 급속도로 발달한 경우는 역사상 유례가 없었다. 전기는 동력, 조명, 통신뿐만 아니라 당시 막 등장한 디지털 계산 방식의 시작을 알렸다는 점에서도 혁신적이었다. 이전까지는 수식을 계산할 때 손으로 일일이 계산하거나 아날로그 계산기를 사용했다. 그런데 계산을 디지털, 즉 0과 1로 나타내는 2진법으로 처리하는 컴퓨터가 등장한 것이다.

이는 과학기술의 역사에서 도구의 발명과 불의 발견을 넘어선 엄청난 사건이었다. 컴퓨터의 등장으로 인류의 사고 능력 역시 비약적으로 향상했다. 계산 능력이 수만 배, 수억 배로 뛰었을 뿐만 아니라 소프트웨어라는 추상적인 개념을 활용하여 다양한 작업을 할 수 있게 되었다. 머릿속의 아이디어와 지적 활동이 업무와 일상에 구현되는 한편, 컴퓨터가 인터넷에 연결되면서 전 세계에 흩어져 있던 지식이 하나로 모였다. 검색 시스템, 인공지능(AI), 얼굴 인식 등 컴퓨터와 네트워크, 그리고 이를 움직이는 아이디어가 모여 만들어진 소프트웨어에 의해 사회는 엄청난 변혁을 맞이했다.

세계 최초의 컴퓨터는 20세기 중반에 탄생했다. 1946년, 미국 펜실베이니아대학교의 존 모클리(1907~1980)와 존 프레스퍼 에커트(1919~1995)가 개발한, 실용적인 컴퓨터의 시초 에니악(ENIAC)이 그것이다.

원래 에니악은 미 육군의 포탄 탄도 계산용으로 개발되었는데, 스위치로 약 1만 8,000개의 진공관이 들어간 탓에 고장이 매우 잦았다고 한다. 진공관은 전극을 가열해서 작동하므로 백열전구처럼 수명이 짧았다. 에니악은 오늘날의 컴퓨터와 달리 2진법이 아니라 10진법을 사용했다. 그러나 모클리와 에커트가 1951년에 개발한 에드박(EDVAC)은 2진법을 사용했으며, 폰 노이만 구조의 프로그램 내장 방식 컴퓨터였다. 오늘날 우리가 사용하는 컴퓨터와 같은 방식이라는 의미에서 최초의 컴퓨터

2진법

10진법	2진법
0	0000
1	0001
2	0010
3	0011
4	0100
5	0101
6	0110
7	0111
8	1000
9	1001
10	1010
11	1011
⋮	⋮
인간	컴퓨터
2+3 ↓ 5	0010+0011 ↓ 0101

에니악(ENIAC)

에드박(EDVAC)

는 에드박일지도 모른다.

이후 메인프레임이라는 대형 컴퓨터가 개발되었다. 메인프레임은 열차 예매 시스템과 운행 시스템, 은행의 관리 시스템, 데이터의 통계 분석 등 여러 분야에 도입되었다. 그리고 사무실용으로 소형화한 미니컴퓨터와 워크스테이션이 등장하면서 사무 자동화(OA)의 시대에 한 걸음 다가서게 되었다.

소프트웨어도 운영체제(OS)와 응용 프로그램(Application)으로 구분되었다. 초기 메인프레임에는 포트란(FORTRAN)과 코볼(COBOL)이, 사무용 소형 컴퓨터에는 유닉스(UNIX)가 운영체제로 쓰이면서 프로그래밍이 한결 수월해졌다.

1976년에는 애플의 스티브 잡스(1955~2011)와 스티브 워즈니악(1950~)이 개발한 개인용 컴퓨터(PC)의 시초 애플 I이, 이듬해인 1977년에는 진정한 의미에서 세계 최초의 개인용 컴퓨터인 애플 II가 발매되었다.

그로부터 약 반세기 동안 컴퓨터와 전기 통신 기술은 눈부신 발전을 이루었고, 인터넷과 스마트폰으로 대표되는 오늘날의 디지털 시대로 이어졌다.

이렇게 인류가 최초로 불과 도구를 사용한 선사 시대부터 현재에 이르기까지 기술의 발전을 살펴보았다. 구체적인 기술의 역사는 뒤에서 하나씩 살펴보도록 하자.

애플 II (© Le Musée Bolo)

4 과학과 과학기술의 차이

과학기술의 발전은 인간의 삶을 크게 바꾸고 생활을 풍요롭게 만들었으며, 안정적인 사회를 이루는 데에도 이바지했다. 과학기술은 과학과 기술을 결합한 말인데, 과학과 과학기술은 정확히 무엇이 다를까?

『표준국어대사전』에서는 기술을 "과학 이론을 실제로 적용하여 사물을 인간 생활에 유용하도록 가공하는 수단"으로 정의하고 있다. 활과 화살을 만들거나 도자기를 굽는 능력도 포함되지만, 기술은 대부분 과학을 응용하는 수단을 설명할 때 쓰인다. 예술 작품을 창조하는 기술은 과학과 관련이 없다고 생각할지도 모르지만, 사실 예술도 과학과 동떨어진 영역이 아니다. 예를 들어 도예에서는 유약의 화학 반응과 온도 관리, 유화에서는 물감을 섞었을 때 일어나는 광학적 반사와 흡수, 대칭 구도와 원근법 등 깊이 파고들수록 물리학과 기하학 같은 과학 지식이 필요해진다.

과학은 자연의 원리와 법칙을 탐구하는 학문이다. 반면 과학기술은 과학 지식을 응용하여 인류 사회에 도움이 되는 결과물을 만들어내는 방법이다. 과학은 '물질이란 무엇인가', '우주란 무엇인가', '생명이란 무엇인가'처럼 세상의 근본 원리를 탐구하는 자연과학과 동등한 의미로 쓰인다. 과학과 기술의 차이는 대학의 자연과학 계열과 공학 계열의 차이로 볼 수 있다.

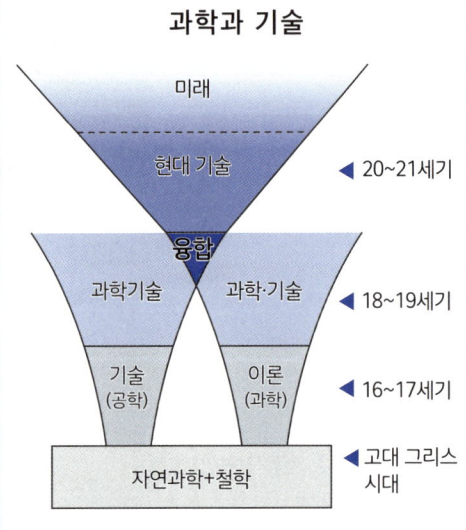

● **사회를 바꾸는 공학**

석기에서 시작된 고대 기술의 변천사를 보면 알 수 있듯이 과학 지식은 언제나 이를 응용하는 공학과 함께 발전해왔다. 더 좋은 도구를 만들어내려면 과학적 지식이 뒷받침되어야 한다. 철에 탄소를 섞으면 단단한 강철이 되는 현상은 처음에는 우연히 발견되었을 것이다. 하지만 이를 깨달은 조상들은 탄소의 양과 가열 온도를 바꿔가며 실험을 거듭한 끝에 탄소와 철의 이상적인 비율을 찾아냈다. 그리고 철과 탄소의 끓는점을 연구하는 과정에서 각 물질의 성질을 밝혀냈을 테고, 이 지식은 다시 더 나은 제품을 만드는 기반이 되었을 것이다.

이처럼 과학과 기술은 언제나 한 몸처럼 함께 발전해왔다. 과학기술이라는 말이 등장한 배경도 여기에 있다.

흔히 과학은 자연의 진리를 탐구하는 학문이라고 한다. 가령 입자물리학과 양자역학은 자연의 근원을 밝히고자 하는 학문이지만, 이를 바탕으로 반도체, 원자력, 양자컴퓨터, 양자 암호 등 다양한 기술도 탄생했다. 과학은 기술과 결합한 과학기술로써 인류 사회를 변화시켜온 셈이다.

한편, '과학이란 무엇인가'라는 철학적인 질문도 빼놓을 수 없다. 인간은 '우리는 어디서 왔고, 무엇이며, 어디로 가는가'와 같이 근본적인 질문을 던지는 존재이기 때문이다. 이 질문에 명확한 정답은 없지만, 물질의 최소 단위가 무엇인지, 그리고 우주는 어떻게 태어났는지 파헤치는 과정에서 인류는 자신의 존재 의미를 발견할지도 모른다. 다만 '과학이란 무엇인가'라는 심오한 주제는 과학보다는 철학에 가까운 영역이다.

기술과 결합한 과학에는 부정적인 측면도 존재한다. 핵무기를 비롯한 대량 살상 무기의 개발과 환경 오염이 대표적인 예이다.

제2차 세계 대전 이후 세계 각국의 경제가 급성장하는 가운데 공해를 비롯한 환경 오염이 문제로 떠오르면서 과학기술의 부정적인 측면이 점차 드러나기 시작했다. 그리고 2000년 전후 인터넷이 보급되면서 이전에는 없던 새로운 문제들도 등장했다. 바로 SNS의 확산, 가짜 뉴스, 딥페이크 이미지와 영상 같은 정보 조작 문제이다. 아무런 경계심 없이 이러한 미디어와 콘텐츠에 노출된다면 자기도 모르게 휘둘릴지도 모른다. 나아가 2020년 전후에는 가상 세계에 온라인으로 참여하는 메타버스 기술이 발달하면서 이전과 비교할 수 없을 만큼 정교한 영상을 만들 수 있게 되었고, VR 고글만 착용하면 마치 실제 공간에 있는 듯한 감각을 체험할 수 있게 되었다.

이처럼 컴퓨터의 성능이 향상되면서 등장한 미디어의 가장 큰 특징은 진화 속도가 매우 빠르다는 점이다.

인류가 석기를 사용하다가 청동기, 철기로 넘어가기까지는 수백만 년이 걸렸다. 그러나 최초의 컴퓨터가 등장한 20세기 중반 이후 오늘날과 같은 디지털 사회로 진화하는 데는 겨우 70여 년밖에 걸리지 않았다. 그리고 진화는 아직 끝나지 않았다. 앞으로 과학기술은 지금보다도 빠른 속도로 진화할 것이다. 인간의 사고 능력을 훨씬 뛰어넘는 AI나 인간과 거의 구분되지 않는 안드로이드 로봇이 초고속 인터넷을 통해 전 세계와 실시간으로 연결되어 활동하는 미래가 도래할지도 모른다.

과연 그런 시대의 흐름 속에서 인간의 두뇌는 살아남을 수 있을까. 그리고 그런 최첨단 기술이 잘못된 방향으로 쓰이지는 않을까. 이와 같은 문제를 두고 인류의 지혜를 모아 함께 고민하는 것 역시 과학의 역할이라고 할 수 있다.

● **과학 윤리를 생각해보기**

최근 과학기술 분야에서는 ELSI라는 개념이 주목받고 있다. Ethical, Legal and Social Issues의 머리글자를 딴 용어로, 과학기술이 사회에 널리 확산하는 과정에서 발생하는 윤리적 문제와 법 제도의 정비 등 각종 사회 문제를 다루는 연구를 일컫는 말이다. ELSI는 1990년대 미국에서 인간 유전체 해석 프로젝트를 개시할 당시, 인간 유전체가 모두 해석되면 복제 인간이 만들어질지도 모른다는 우려 속에 처음 등장했다. 오늘날에는 뇌과학과 AI가 비약적으로 발전하여 뇌의 활동을 모니터링하여 인간의 생각을 어느 정도 추정할 수 있는 수준에 이르렀고, 인간의 능력을 훨씬 뛰어넘는 AI가 등장하리라고 점쳐지는 만큼 ELSI는 이제 외면할 수 없는 화두가 되었다.

우리는 과학기술의 부정적 측면을 경계해야 한다. 윤리 규범을 아무렇지도 않게 무시하거나 군사적 목적을 위해 윤리를 뒷전으로 미루는 나라가 나타날지도 모른다. 새로운 기술이 반드시 인류를 파멸로 몰아넣지는 않더라도, 자국의 이익을 위해 기술을 사용하는 이들이 얼마든지 있기 때문이다.

서장
연표

과학기술의 역사

	기원전 400년경	데모크리토스, 만물이 원자로 이루어져 있다고 주장.
	기원전 300년대	아리스토텔레스, 『천체에 관하여』 집필, 천동설 주장.
	기원전 200년대	아르키메데스, 부력의 원리 발견.
	기원전 200년대	에라토스테네스, 지구의 둘레 측정.
	105년경	후한의 채륜, 종이 발명.
	2세기	프톨레마이오스, 천동설 주장.
	10세기	알하이삼, 광학 및 안구 구조 연구.
	11세기	항해에 쓰이는 나침반 발명.
	12세기	유럽, 길드 제도 시행. 직인(기술자)의 시대 시작.
	13세기	총 발명(여러 설 존재).
15세기	15세기 후반	다 빈치, 과학기술 연구 및 발명.
	1492년	콜럼버스, 아메리카 대륙 발견.
16세기	1569년	메르카토르, 항해용 지도 제작.
	1582년	그레고리우스 13세, 그레고리력 발표.

세계의 주요 사건

	기원전 5000년경	이집트 문명·황하 문명 발생.
	기원전 4500년경	메소포타미아 문명 발생.
	기원전 3000년경	그리스 문명 발생.
	기원전 2300년경	인더스 문명 발생.
1세기	79년	베수비오 화산 대분화. 폼페이 소멸.
3세기	220년	중국 삼국시대 시작.

서장 인류의 탄생부터 현대까지 – 과학기술사의 개괄

4세기	4~6세기 말	게르만족의 대이동.
	395년	로마 제국, 동서로 분열.
13세기	1275년	마르코 폴로, 중국 원나라 도착.
	1299년	오스만 제국 부흥.
14세기	14세기경	유럽에서 르네상스 운동 확산.
15세기	1492년	콜럼버스, 아메리카 대륙 발견.
	1498년	다 가마, 인도 항로 발견.

근대 과학의 시작

16세기부터 17세기까지

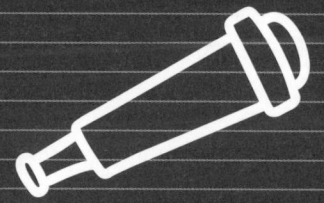

01

가장 오래된 자연과학인 천문학의 발달, 달력과 수의 발명

── 카이사르

● 달력의 발명

천문학은 가장 오래된 자연과학일지도 모른다. 고대에는 지금처럼 인공적인 불빛은 전혀 없고, 빛나는 별이 밤하늘을 가득 수놓았을 것이다. 우리와 가장 가까운 자연물인 별은 매일 밤 동쪽에서 서쪽으로 이동하며, 1년 주기로 다시 같은 자리에 나타난다는 사실을 고대인들도 알았다. 마치 하늘이라는 스크린에 펼쳐진 그림처럼 언제나 같은 자리에서 빛나는 별을 올려다보며, 사람들은 상상력을 동원해 별자리라는 알기 쉬운 모양을 찾아냈다.

밤하늘을 더 자세히 들여다보면 스크린에 비친 것처럼 같은 자리에서 빛나는 별들 사이를 돌아다니는 별도 발견할 수 있다. 이 별들은 때로는 동쪽으로(순행), 때로는 서쪽으로(역행) 이동하는데, 다른 별과 달리 위치가 계속 바뀌는 별은 호기심의 대상이었을 것이다. 움직이지 않는 별은 항성, 움직이는 별은 행성이라고 한다. 이리저리 돌아다니기 때문에 붙은 이름이며, 행성을 가리키는 영어 planet도 '헤매는 것'이라는 의미를 담고 있다. 금성, 화성, 목성, 토성 등 밝은 행성이 많아 특히 움직임을 파악하기 쉬웠을 것이다.

행성의 움직임이 불규칙적으로 보이는 이유는 후대에 밝혀졌지만, 고대인들의 눈길을 사로잡기에는 충분했다.

달과 태양은 행성보다 움직임이 명확하게 파악된 천체였다. 달은 약 한 달 주기로 차고 기울며, 태양은 매일 아침 동쪽 하늘에서 떠올라 저녁이면 서쪽 지평선 너머로 진다.

고대인들은 별과 달과 태양의 움직임을 관찰하면서 무엇을 얻었을까? 바로 달력이다. 달력에도 자연과학과 이를 응용한 기술의 역사가 담겨 있다.

가장 오래된 달력이 언제 발명되었는지는 알 수 없으나, 농경 기술의 발달과 함께 자연스럽게 달력도 발전했다.

고대 이집트에서는 큰개자리의 알파성이자 밤하늘에서 가장 밝게 빛나는 -1.5등급 별인 시리우스의 움직임을 기준으로 달력이 만들어졌다. 기원전 4000년경에 만들어진 이 달력은 시리우스가 태양보다 조금 앞서 동쪽 지평선에서 떠오를 때를 1년의 시작으로 정했다. 매년 7월이 되면 나일강이 범람했는데, 달력은 이 시기를 예측하기 위해 만들어졌다고 한다. 물이 범람하면 강 유역에 비옥한 흙이 흘러들어와 작물의 생장을 도왔기 때문이다. 고대 이집트인들은 시리우스의 움직임을 보고 범람 시기를 점쳤다. 고대 이집트력은 1년을 12개월로 나누었다는 점에서 오늘날의 달력과 유사했다.

한편, 태양력뿐만 아니라 달의 움직임을 기준으로 시간의 흐름을 기록한 태음력도 있었다. 고대 오리엔트의 메소포타미아 문명에서는 달이 차고 기우는 주기로 날짜를 헤아렸다. 달이 지구 주위를 한 바퀴 도는 주기인 약 29.5일을 기준으로 달력이 만들어졌다.

그러나 태음력은 태양이 황도를 따라 천구를 한 바퀴 도는 주기인 365일보다 약 11일 짧았다. 이 차이를 바로잡기 위해 태음태양력이 만들어졌다. 달의 주기와 위상 변화는 직관적으로 알아볼 수 있어서 일상에서는 편리했을지 몰라도, 시간이 갈수록 계절과 달력이 어긋나 농사의 기준으로 삼기에는 어려웠다.

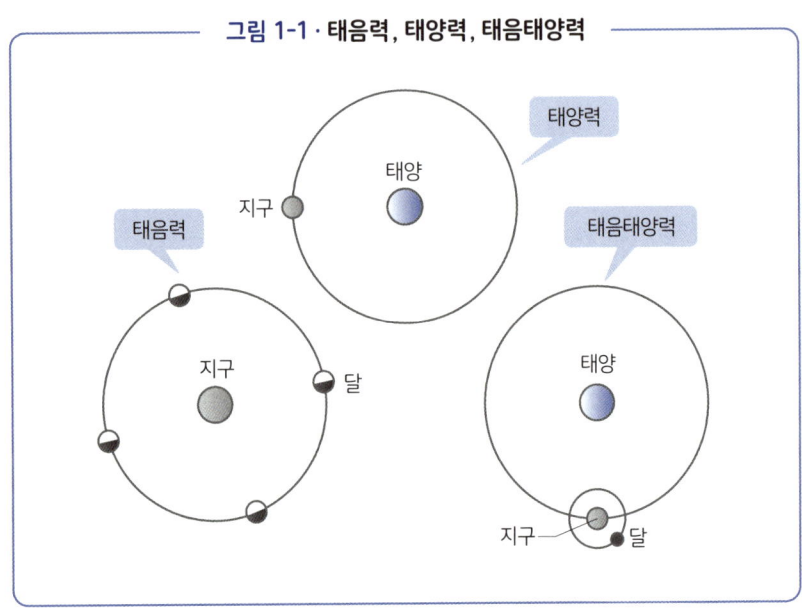

그림 1-1 · 태음력, 태양력, 태음태양력

● 태양의 움직임을 기준으로 만든 율리우스력

문명의 발달과 함께 더 정확하고 합리적인 달력이 필요해졌다. 기원전 46년, 율리우스 카이사르(영어명 줄리어스 시저)는 율리우스력을 제정했다. 태양력을 바탕으로 4년에 한 번씩 하루를 더한 이 달력은 유럽에서 오랫동안 쓰였지만, 율리우스력 역시 장기적으로 보면 오차가 있었기에 1582년에 로마 교황 그레고리우스 13세가 이를 수정한 그레고리력을 제정했다. 오늘날 우리가 사용하는 달력이 바로 이 그레고리력이다.

 농경이 보급되면서 태양력이 만들어졌고, 이후 여러 차례 개량된 끝에 지금과 같은 달력이 완성되었다. 인구가 늘고 사회가 점차 발전하면서, 사회의 질서를 유지하고 올바르게 운용하기 위해서는 정확한 시간 체계가 필요했다.

 오늘날 시간의 기본 단위인 1초는 세슘 원자가 방출하는 빛의 파장을 기준으로 정의된다. 국제단위계(SI)에서는 "바닥 상태인 세슘-133 원자의 두 초미세 구조 사이를 전자가 이동할 때 세슘 원자가 방출하는 빛이 91억 9,263만 1,770번 진동하는

데 걸리는 시간"으로 1초를 정의한다. 세계 표준시 역시 세계 각국의 원자시계에 표기된 시간(원자시)을 기준으로 한다. 이렇게까지 정확한 시간이 필요한 이유는 나노초(10억분의 1초) 혹은 펨토초(1,000조분의 1초) 단위의 지극히 짧은 시간 동안 일어나는 과학 현상을 관측해야 할 때가 있기 때문이다. 1펨토초가 빛이 0.3μm(마이크로미터)만큼 이동하는 시간이라고 한다면 얼마나 짧은 시간인지 와닿지 않을까?

제1장

근대 과학의 시작 – 16세기부터 17세기까지

02 수와 단위의 발명

—— 추상적인 개념을 구체화하는 방법

문명이 발달하면서 수와 양을 기록하고 전달할 필요성을 느낀 인류는 수를 세는 방법과 단위로 나타내는 방법을 고안해냈다.

구석기 시대에는 돌로 만든 칼로 동물 뼈에 자국을 새겨 수를 셌다. 아마 잡은 동물의 수를 기록하거나 다른 사람에게 보여주기 위해서였으리라. 실제로 발굴된 순록 뼈에는 기원전 1만 5000년경 새겨진 것으로 추정되는 자국이 남아 있었다.

제사나 점에 사용되었을지도 모르지만 수와 양을 기록한다는 목적은 변함없다. 수만 년 전 구석기 시대에도 인류는 이미 수라는 추상적인 개념을 이해하고 활용할 줄 알았다. 이후 조세 제도와 상거래가 발달하면서 숫자의 중요성은 점점 커졌다.

단위는 수와 양을 나타내기 위해 생긴 개념이다. 기원전 6000년경 고대 메소포타미아와 이집트에서는 큐빗이라는 길이 단위를 사용했다. 이는 팔꿈치를 직각으로 세웠을 때 팔꿈치에서 가운뎃손가락 끝까지의 길이로, 1큐빗은 약 50cm에 해당한다. 그 밖에도 고대에는 사람의 몸이나 식물처럼 주변에 흔한 대상을 기준으로 삼은 단위가 많았다. 발뒤꿈치에서 발끝까지 잰 길이인 풋은 약 30cm이다. 풋은 오늘날에도 복수형인 피트라는 이름으로 야드파운드법에서 사용되며, 1피트는 30.48cm로 환산된다. 인치는 엄지손가락 첫 마디의 길이로, 1인치는 2.54cm이다.

수와 단위가 발명되면서 인류는 개체와 현상을 정량적으로 측정할 수 있게 되었다. 정량적인 정보는 대상을 객관적으로 관찰 또는 관측함으로써 얻을 수 있기에 과학

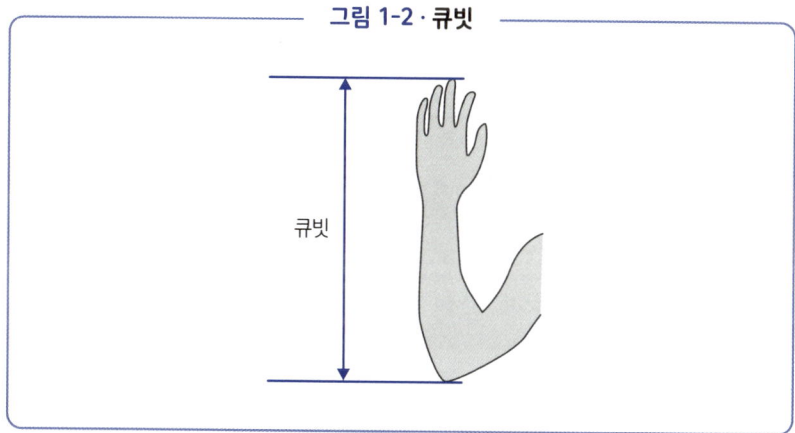

그림 1-2 · 큐빗

기술에서 매우 중요한 개념이다.

　기원전 3000년경 고대 메소포타미아에서는 수메르인이 문자를 발명했는데, 수를 나타내는 기호도 그 일부였다. 이 기호는 작물의 수확량과 세금으로 바칠 양을 계산하는 데 쓰였던 것으로 추정된다. 인구가 늘고 사회 규모가 커지면서 멀리 떨어진 지역과의 교역이 이루어졌고, 거래되는 상품과 금액을 관리할 필요성이 생겼기 때문이다.

　처음에는 단순히 물건을 세는 데 필요한 1, 2, 3 같은 자연수밖에 없었지만, 얼마 지나지 않아 분수 표기가 등장했다. 고대 메소포타미아와 이집트 사람들도 분수를 사용할 줄 알았다. 하나를 둘로 나누어 2분의 1로 나타내고, 다시 반으로 나누어 4분의 1로 나타내는 표기법은 매우 직관적이고 간편했다.

　나아가 인류는 자연수가 아닌 무리수를 표기하는 방법까지 고안해냈다. 기호로는 $\sqrt{\ }$(루트)로 나타내는데, 예를 들어 $\sqrt{2}$는 1.414213…처럼 소수점 아래로 같은 숫자가 반복되지 않고 무한하게 이어지는 무리수이다.

　이처럼 수를 세는 행위에서 시작된 수학은 루트, 삼각함수, 미적분, 로그 등 다양한 개념으로 확장되며 자연과학의 탐구는 물론 과학기술의 발전에 이바지했다. 만약 수학이 없었다면 과학도 과학기술도 지금과 같은 모습이 아니었을지 모른다.

03 과학에서 기술로

―― 관측과 실험

● **중세의 굴레로부터 벗어나다**

과학은 객관적인 관측과 관찰을 바탕으로 현상의 본질과 법칙성을 밝히는 학문으로, 다른 사람이 실험해도 똑같은 결과를 확인할 수 있는 재현성이 있어야 한다. 그리고 중세부터 근대 초기까지는 관측과 실험으로 자연 현상의 본질에 다가가려 한 근대적 연구자들이 등장한 시대였다.

14~15세기에 걸쳐 유럽에서 르네상스라는 문예 부흥 운동이 일어났다. 그리고 이를 기점으로 중세가 막을 내리고 근대가 시작되었다. 역사학자들은 산업혁명과 프랑스혁명까지를 근대 초기로 보고 그 이후를 본격적인 근대로 분류하지만, 시대 구분에 대해서는 의견이 분분하다. 과학기술사에서는 미신에서 벗어나 자연 현상을 객관적이고 이론적으로 바라보게 된 시기를 근대의 시작으로 정의한다. 그러나 중세에서 근대로 넘어가는 시기는 이성과 논리가 기독교적 가치관과 충돌한 시대이기도 했다.

천동설에서 지동설로 넘어가는 패러다임의 전환이 대표적이다. 2세기 알렉산드리아의 천문학자 클라우디우스 프톨레마이오스(100?~170?)는 천체의 움직임을 관측하고 지구를 중심으로 천체가 움직인다고 주장했다. 그는 저서 『알마게스트』에서 천체들이 지구를 중심으로 원을 그리며 주위를 움직인다고 주장했다. 그리고 수성, 금성, 화성, 목성, 토성 등 5개의 밝은 행성이 특이한 움직임을 보이는 이유는 궤도를 따라 공전하면서 작은 원을 그리기 때문이라고 설명했다. 프톨레마이오스의 천동설은 15세기 폴란드의 천문학자 니콜라우스 코페르니쿠스(1473~1543)가 등장하기 전까지 약 1,400년 동안 정설로 여겨졌다.

하지만 천체의 움직임을 자세히 관찰하던 과학자들에 의해 천동설로는 설명되지 않는 모순점이 하나둘씩 발견되기 시작했다.

오랫동안 천동설이 올바른 우주관으로 여겨졌던 이유는 기독교의 교리와 어느 정도 일치했기 때문이기도 하다. 천상에는 하나님이 계시고 지상은 하나님이 창조한 절대 불변의 세계라는 종교관은 천동설과 일맥상통했다. 종교는 과학적 근거보다 철학과 교리를 우선시했던 만큼, 1,400여 년에 걸쳐 사람들의 머릿속에 깊이 각인된 천동설을 뒤집기란 매우 어려웠다.

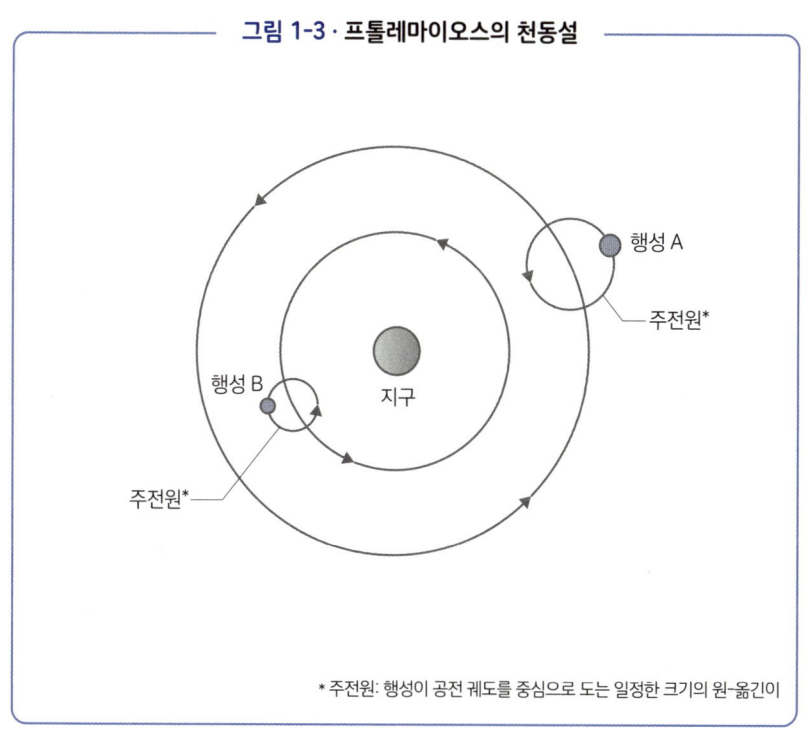

그림 1-3 · 프톨레마이오스의 천동설

*주전원: 행성이 공전 궤도를 중심으로 도는 일정한 크기의 원-옮긴이

● 코페르니쿠스의 지동설

코페르니쿠스는 성직자였지만, 자신이 관측하고 분석한 바를 토대로 지구가 태양 주위를 돈다면 행성의 순행과 역행을 논리적으로 설명할 수 있다는 결론에 이르렀다. 그는 저서 『천체의 회전에 관하여』(1543)에서 지동설을 자세히 설명했다. 책에 삽입된 태양계의 구조도는 오늘날의 태양계와 거의 같았다. 천체는 태양을 중심으로 공전하며, 지구 궤도보다 안쪽에서는 수성과 금성이, 그리고 바깥쪽에서는 화성, 목성, 토성이 공전한다. 항성은 행성보다 더 바깥쪽에 있고, 달은 지구를 중심으로 공전하는 그림이 묘사되어 있다.

정밀한 관측을 바탕으로 한 코페르니쿠스의 논리적인 이론은 기독교의 신학 사상에서 벗어나 이성이 지배하는 시대를 개척했다. 그리고 코페르니쿠스의 뒤를 이어 요하네스 케플러(1571~1630), 갈릴레오 갈릴레이(1564~1642), 아이작 뉴턴(1643~1727) 등 관측과 수학을 바탕으로 사고하는 과학자들의 시대가 열렸다. 천동설에서 지동

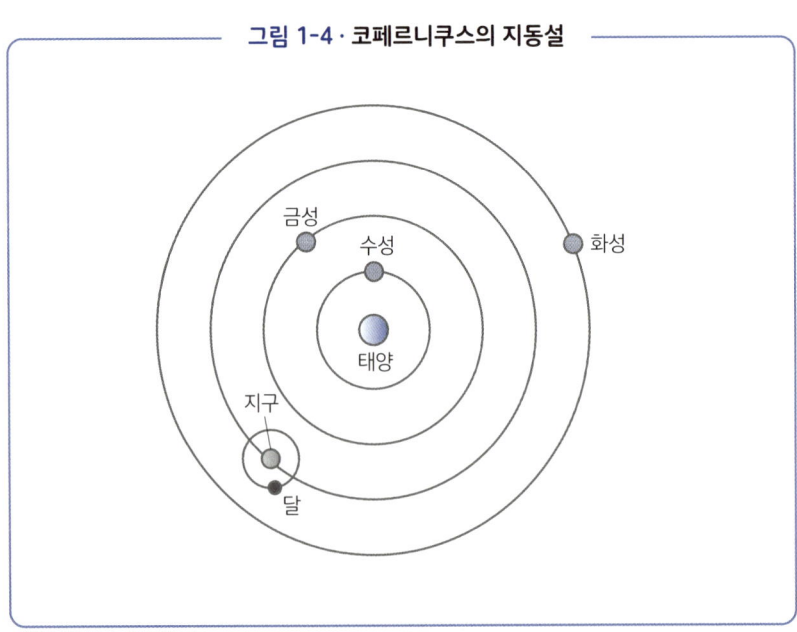

그림 1-4 · 코페르니쿠스의 지동설

설로 세계관이 바뀌면서 사상 역시 맹목적 믿음이 지배하던 중세와 결별하고 새로운 시대로 나아갔다.

● 르네상스 시대의 사상

르네상스 시대를 대표하는 사건을 논하면서 14세기에서 15세기에 걸쳐 이탈리아에서 일어난 르네상스 운동을 빼놓을 수 없다. 르네상스는 고대 그리스와 로마의 고전 예술과 학문으로의 회귀를 추구하며, 미와 이상을 중심에 두고 개인의 의지와 감정을 존중하자는 운동이었다. 중세 유럽에서는 교회의 권력이 커지면서 신학도 논리에 논리가 덧붙으며 지나치게 비대해졌다. 이처럼 폐쇄적이고 경직된 질서에서 벗어나 개개인이 인간답게 살아가고자 하는 기류가 형성되었고, 이는 곧 르네상스 운동으로 이어졌다.

1517년에는 마르틴 루터(1483~1546)가 종교 개혁을 일으켰다. 당시 교회는 돈을 내고 면죄부를 사면 죄가 사라진다며 신도들에게 돈을 걷었는데, 루터는 이러한 교회의 부패를 바로잡고자 했다.

르네상스 운동으로 예술 분야에서 새로운 화풍과 문화가 꽃피었다. 레오나르도 다 빈치(1452~1519)는 르네상스를 대표하는 예술가였다. 다 빈치는 예술가인 동시에 수리학(유체역학)을 현장에서 활용한 실무자였으며 과학 전반에 걸쳐 천재적인 통찰력을 보인 인물이었다.

그림 1-5 · 「모나리자」

그가 그린 「모나리자」(1503?)의 배경에는 바다 혹은 호수로 흘러드는 꾸불꾸불한 물길이 그려져 있는데, 이 역시 다 빈치가 수리학에 통달했음을 보여주는 증거이다. 최근 연구에 따르면 「모나리자」의 배경은 이탈리아 토스카나주의 작은 마을 라테리나라고 한다. 오른쪽에 그려진 다리와 이를 마주 보는 왼쪽 산의 능선이 일치한다.

르네상스 시대는 소위 '하나님의 종'에서 벗어나 개인의 주체성이 확립된, 즉 개인의 감정과 생각을 중시한 개인주의가 탄생한 시대이기도 했다. 개인이 주체가 된 논리적이고 이성적인 사고는 과학을 근대적인 학문으로 끌어올렸다. 그리고 과학기술은 사회의 근대화를 이끈 주역이었다고 해도 과언이 아니다.

● **이슬람 과학의 영향**

13세기, 기독교 교리를 바탕에 둔 스콜라주의 학자이자 과학자였던 로저 베이컨(1219~1292)은 근대 과학 연구의 선구자로 평가받는다. 베이컨은 성직자이고 철학자면서도 인습적인 종교에서는 새로운 것이 태어날 수 없다고 생각했다. 그래서 그는 수학을 활용한 논리적 해석과 관찰, 관측에 무게를 두고 연구를 수행했다. 광학을 연구하여 굴절과 반사의 원리를 밝혀냈고, 안구의 구조도 탐구했다.

베이컨은 유럽에 전해진 이슬람 과학의 영향을 받은 것으로 보인다. 이슬람 과학은 당시 세계적으로 최첨단을 달렸는데, 특히 광학 분야에서는 오늘날 이라크 지역에서 태어난 과학자 이븐 알하이삼(965~1040)이 유명하다. 광학 이론을 설명한 그의 저서 『광학의 서』는 근대 과학

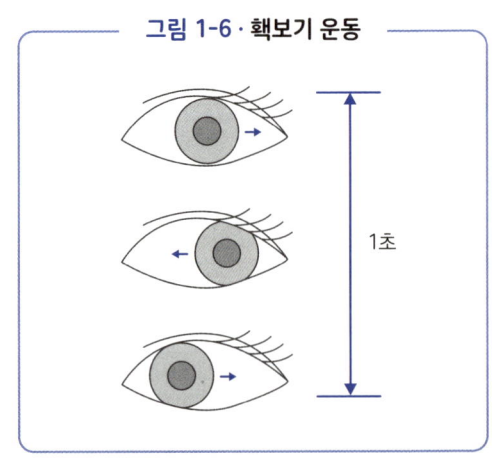

그림 1-6 · 핵보기 운동

의 발달에 큰 영향을 미쳤다.

홱보기(두 눈이 동시에 한 곳에서 다른 곳으로 빠르게 움직이는 운동. 신속눈운동이라고도 한다.-옮긴이)라는 시각 운동이 있다. 안구는 1초에 약 3번 빠르게 움직이는데, 실제로 우리가 보는 시야가 그렇게 흔들리지 않는 이유는 지금까지도 밝혀지지 않았다. 이 역시 시각이 어떻게 안구를 통해 인지되는지 과학자들이 연구했기에 나온 의문이다. 오늘날에도 뇌과학과 인지과학의 최전선에서 홱보기 운동을 연구하고 있다.

실험으로 자연을 연구한 갈릴레이

—— 근대 과학의 아버지

● **피사의 사탑 실험**

앞서 설명했듯이 유럽에서는 15~16세기경 일어난 르네상스 운동으로 중세가 끝을 고하고 근대가 시작되었다. 우주에 대한 사람들의 인식이 천동설에서 지동설로 바뀌며, 새로운 시대가 열릴 조짐이 보인 이 시대를 대표하는 과학자는 이탈리아의 갈릴레오 갈릴레이(1564~1642)이다. 그는 근대 과학의 아버지로 불리며, 가설을 세운 뒤 실험과 관측으로 철저히 검증하는 연구법을 처음 도입한 인물이기도 하다.

가장 유명한 실험은 1589년 실시한 피사의 사탑 실험이다. 갈릴레이는 피사의 사탑에서 질량이 서로 다른 두 물체를 동시에 떨어뜨렸을 때 지면에 도달하는 시간이 같은지 확인하려 했다.

일부 사람들은 실화가 아니라 지어낸 이야기라고도 하지만, 사실이라면 매우 설득력 있는 일화이다.

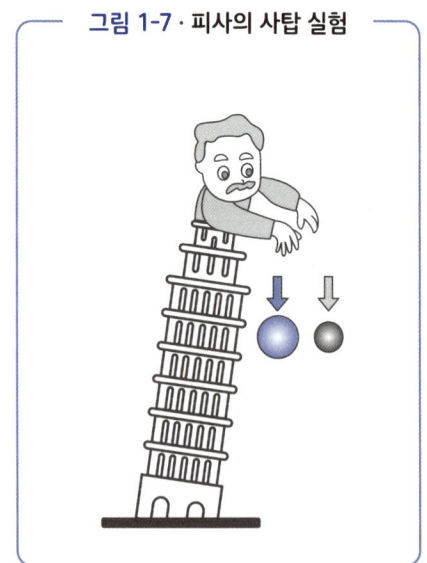

그림 1-7 · 피사의 사탑 실험

그림 1-8 · 갈릴레이가 만든 경사면

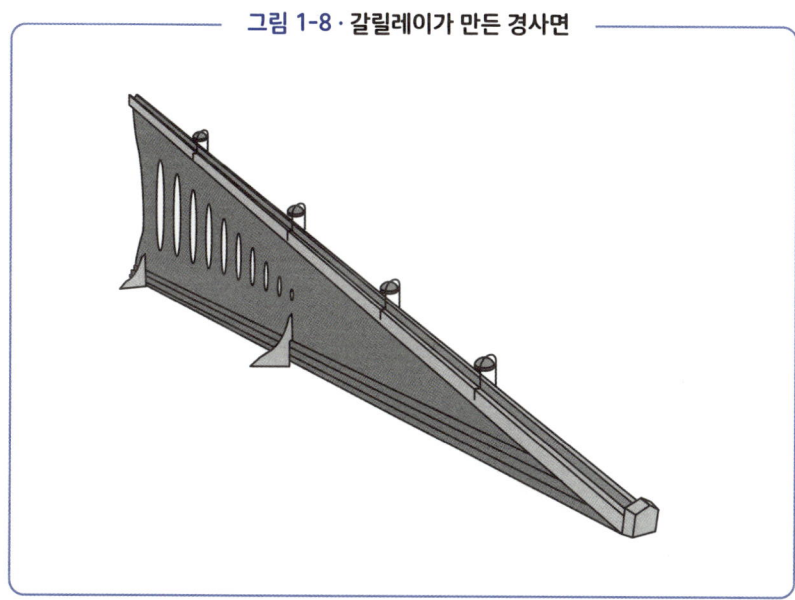

당시 사람들은 "물체는 무거울수록 빠르게 떨어진다"라는 고대 그리스의 철학자 아리스토텔레스(B.C. 384~B.C. 322)의 주장을 2,000년 넘게 믿어왔다. 그러나 갈릴레이의 실험을 통해, 질량에 상관없이 물체가 지면에 도달하는 시간은 같다는 사실이 증명되었다.

갈릴레이는 나무로 만든 경사면에 공을 굴려 낙하 속도와 낙하 거리를 측정하기도 했다. 고속 촬영이 가능한 장비도 없었던 당시에는 높은 곳에서 빠르게 자유 낙하를 하는 물체의 위치와 속도를 측정하기란 불가능했다. 그러나 경사면에서는 공이 천천히 굴러가므로 지면에 도달하는 시간과 거리를 측정할 수 있었다. 이 실험을 통해 갈릴레이는 "낙하 거리는 낙하 시간의 제곱에 비례한다"라는 결론에 도달했다.

갈릴레이는 역학을 연구하여 진자 운동의 원리도 발견했다. 진자가 한 번 왕복하는 데 걸리는 시간, 즉 주기는 추의 무게나 진폭에 상관없이 추와 연결된 실의 길이에 따라 결정된다는 원리이다. 이를 진자의 등시성이라고 한다. 갈릴레이는 교회 천장에 매달려 흔들리는 램프의 주기를 관찰하던 중 이 사실을 깨달았다고 한다. 이후

--- 그림 1-9 · 진자의 등시성 ---

실의 길이가 같으면 진자가 왕복하는 주기는 같다.

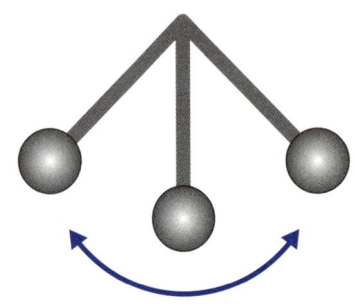
크게 흔들린다.

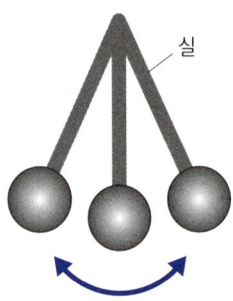
실
작게 흔들린다.

진자의 등시성은 정확한 시간을 알리는 진자시계와 음악의 박자를 맞추는 메트로놈 등에 응용되었다.

갈릴레이는 알베르트 아인슈타인(1879~1955)의 상대성 이론으로 이어지는 '상대성' 개념을 제시했으며, 지동설을 부정하는 사람들을 비판한 것으로도 유명하다. 움직이는 배의 돛대 위에서 자유 낙하하는 공은 배에 탄 사람에게는 똑바로 떨어지는 것처럼 보이지만, 배 바깥에 가만히 서 있던 사람에게는 배가 나아가는 방향으로 포물선을 그리며 떨어지는 것처럼 보인다. 이처럼 관측자의 위치에 따라 다르게 보이는 현상을 갈릴레이의 상대성 원리라고 한다. 이는 갈릴레이로부터 약 300년 뒤에 등장한 아인슈타인의 상대성 이론으로 이어졌다. 아인슈타인은 1905년에 특수 상대성 이론을 주장했고, 그중 광속 불변의 원리를 통해 새로운 상대성 개념을 창안했다. 광속 불변의 원리란 빛의 속도는 모든 관측자에게 항상 같으므로 관측자에 따라 시간과 공간이 상대적으로 변형될 수 있다는 내용이다.

● 관측 결과를 중시한 갈릴레이

갈릴레이가 남긴 업적은 여기서 끝이 아니다. 천체 망원경으로 달의 크레이터와 목성의 4대 위성(이오, 에우로파, 가니메데, 칼리스토)과 태양의 흑점을 발견한 인물도 갈릴레이였다. 망원경은 네덜란드의 안경 기술자 한스 리퍼세이(1570~1619)가 1608년에 세계 최초로 발명했다. 리퍼세이는 두 렌즈를 일정한 간격으로 배치하고 눈을 대고 들여다보면 멀리 있는 물체가 크게 보인다는 사실을 깨닫고 망원경을 만들었다. 갈릴레이가 이 소식을 접했는지는 알 수 없지만, 그도 1609년에 직접 망원경을 만드는 데 성공했다. 그가 만든 망원경에는 대상에 가까운 대물렌즈로 볼록 렌즈가, 눈을 가져다 대는 접안렌즈로 오목 렌즈가 들어갔다. 대물렌즈의 지름은 42mm이고 배율은 9배로 알려졌으나 이 수치에 관해서는 여러 설이 있다.

대물렌즈로 볼록 렌즈를, 접안렌즈로 오목 렌즈를 사용한 갈릴레이식 망원경은 상이 똑바로 보인다는 장점이 있었지만, 시야가 좁고 배율을 높이기 어렵다는 단점도 있었다. 갈릴레이는 이 망원경을 밤하늘로 돌려 천체를 관측했는데, 당시로서는 매우 획기적인 발상이었다.

갈릴레이가 가장 먼저 발견한 것은 달의 크레이터였다. 달의 표면에 크고 작은 구멍이 나 있었다는 발견은 당시 사람들에게 큰 충격을 주었을지도 모른다. 이어서 그는 목성의 4대 위성을 발견했다. 이 위성들은 시간에 따라 목성을 기준으로 위치가 계속 바뀌었는데, 목성 뒤로 돌아가 보이지 않는가 싶다가도 다시 반대쪽으로 나왔다. 사실 네 위성은 목성 주위를

그림 1-10 · 갈릴레이식 망원경

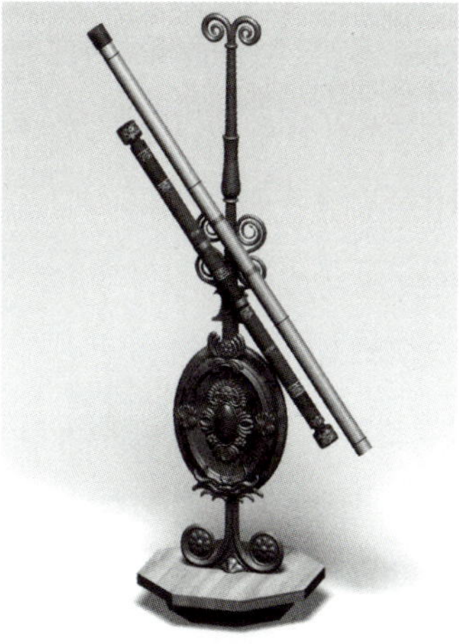

규칙적으로 공전하는 것으로 밝혀졌다.

그리고 갈릴레이는 태양의 흑점을 관측하는 데도 성공했다. 흑점 역시 태양이 자전하면서 천천히 이동하는데, 태양 뒤편으로 돌아가 사라진 뒤 며칠이 지나면 다시 앞으로 나타났다. 이 현상을 통해 그는 태양의 자전을 발견했다. 참고로 태양의 자전 주기는 적도 부근에서는 약 25일, 극지방에서는 약 30일이다. 흑점은 극지방에서는 나타나지 않고, 위도 30~40° 부근에 나타난다.

갈릴레이는 관측을 통해 얻은 결과를 바탕으로 현상을 해석한다는 현대 과학 방법론의 기초를 마련한 과학자였다. 그리고 망원경처럼 연구에 필요한 관측 장비를 사용했다는 점도 주목할 만하다. 이를 기점으로 기술의 발달과 함께 과학은 눈부신 발전을 이루기 시작했다. 기술이 발달하지 않았다면 과학도 고대 그리스 시대처럼 자연 현상을 철학적으로만 고찰했을지도 모른다.

갈릴레이는 1632년에 『대화』(『천문 대화』, 『두 우주 체계에 대한 대화』로도 알려져 있다.-옮긴이)를 출간하여 지동설을 주장했고, 1638년에는 『새로운 두 과학』에서 낙하 운동과 등가속도 운동 등의 근대 역학 이론을 제시했다.

1633년, 갈릴레이는 지동설을 철회하지 않았다는 이유로 교회 이단 심문소의 유죄 판결을 받았다. 그러나 세상은 점차 새로운 시대로 나아가고 있었다. 갈릴레이는 근대 과학의 지평을 연 인물이었다. 오랫동안 사회에 뿌리내린 교회가 권력을 휘둘러 그를 억압하려 한 이유 역시 그가 시대를 앞서나간 인물이었기 때문이리라.

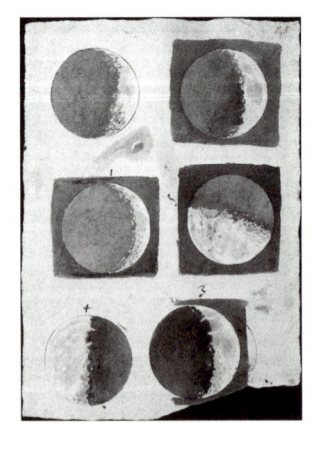

그림 1-11 · 갈릴레이의 달 스케치

05

천동설에서 지동설로

—— 코페르니쿠스, 브라헤, 케플러

17세기 전반, 유럽은 천동설에서 지동설로 거대한 패러다임의 전환을 맞이하며 근대로 접어들었다. 이때부터 과학과 기술은 본격적으로 발전하기 시작했다. 과학기술사에서는 갈릴레이가 활약한 시기를 근대의 시작으로 본다. 그는 자연을 관찰해서 발견한 미지의 현상에 대한 가설을 세운 다음 면밀하게 관찰하고 실험하여 가설을 증명했다. 오늘날에도 통용되는 과학 연구의 기본적인 과정은 이렇게 정립되었다.

천동설에서 지동설로 넘어가는 데 큰 영향을 미친 인물은 코페르니쿠스, 브라헤, 케플러였다.

앞에서 소개했듯이 니콜라우스 코페르니쿠스는 지구를 포함한 모든 행성이 태양 주위를 돈다는 지동설을 발표한 인물이다. 코페르니쿠스의 주장은 패러다임 전환의 시발점이 되었지만, 정작 그는 교회의 사제였기 때문에 교리에 어긋나는 지동설을 발표하기 주저했다고 한다.

사상 최초로 지동설을 주장한 인물은 고대 그리스의 천문학자 아리스타르코스(B.C. 310~B.C. 230)였다. 그는 당시 그리스에서 발달한 기하학을 응용하여 태양, 지구, 달의 크기와 거리를 계산했고, 천동설보다 지동설이 타당하다고 생각했다. 그러나 그의 주장은 당시 사람들에게 받아들여지지 않았다.

덴마크의 천문학자 튀코 브라헤(1546~1601)는 패러다임 전환의 기반을 마련한 인물이다. 망원경이 발명되기 전에 천체의 각도를 측정할 때 쓰였던 육분의로 항성과 행성의 정밀한 위치를 관측했고, 천체에 관해 방대한 자료를 남겼다. 1572년에는 카시오페이아자리에 갑자기 나타난 -4등급(금성과 비슷한 밝기)의 초신성을 관측했는데, 이 별은 이후 튀코 초신성으로 유명해졌다. 브라헤는 지구 공전 궤도에 의해 발생하는 시차를 관측하여 튀코 초신성이 행성보다 멀리 떨어진 천체임을 발견했다. 오늘날 튀코 초신성은 우리 은하에 있으며, 지구에서 약 8,000광년 떨어져 있다는 사실이 밝혀졌다.

● 근대 과학기술의 성과, 케플러의 법칙

독일의 천문학자 요하네스 케플러는 스승 브라헤의 방대하면서도 정밀한 천체 관측 자료를 이어받아 천체의 궤도를 연구했다. 그가 심혈을 기울인 연구 끝에 발견한 것이 바로 그 유명한 케플러의 법칙(1609년. 제3 법칙은 1619년에 발표)이다.

행성은 대부분 초점이 2개 존재하는 타원의 궤도를 따라 공전한다는 것이 케플러 제1 법칙이다. 케플러 제2 법칙은 면적 속도 일정의 법칙이라고도 하며, 태양과 행성이 단위 시간 동안 그리는 부채꼴의 면적인 면적 속도가 일정하다는 내용이다. 즉 행성은 태양에서 멀어질수록 가까울 때보다 느리게 움직인다. 케플러 제3 법칙은 행성의 공전 주기의 제곱은 그 행성의 타원 궤도 긴 반지름의 세제곱에 비례한다는 내용으로, 수성부터 명왕성까지 모든 행성에 대해 이 비율은 거의 같다.

케플러가 발견한 이 정밀하고도 논리적인 행성 궤도 법칙은 뉴턴의 중력 발견으로 이어졌으며, 지동설이 확립되는 데에도 이바지했다.

그림 1-12 · 케플러의 법칙

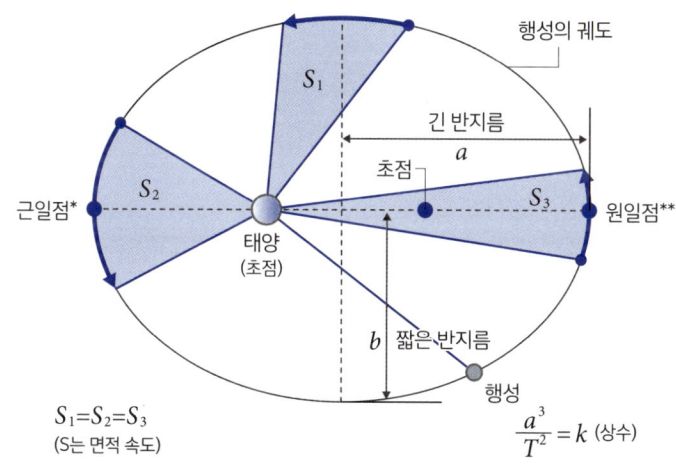

$S_1 = S_2 = S_3$
(S는 면적 속도)

$$\frac{a^3}{T^2} = k \text{ (상수)}$$

제1 법칙 행성은 태양을 한 초점으로 하는 타원 궤도를 그리며 공전한다.

제2 법칙 행성의 면적 속도는 일정하다.

제3 법칙 행성의 공전 주기의 제곱은 그 행성의 타원 궤도 긴 반지름의 세제곱에 비례하며, 그 비는 모든 행성에 대해 같다.

* 근일점: 행성이 태양과 가장 가까운 지점-옮긴이
** 원일점: 행성이 태양과 가장 먼 지점-옮긴이

철학에서 시작된 과학

—— 데카르트

● **과학기술의 역사적 분기점**

과학기술사에서는 갈릴레오 갈릴레이가 활약한 시기를 근대의 시작으로 본다. 갈릴레이의 업적도 고대 그리스, 로마 제국, 이슬람 문화 등에서 전해져 내려온 수많은 선인의 지혜를 집대성한 결과임은 두말할 필요 없다. 그러나 기독교적 세계관을 바탕에 둔 보수적인 시대를 살면서 이를 부정할 수 있는가 아닌가야말로 진정한 '근대'의 조건일 것이다.

갈릴레이는 당시 권력을 장악했던 교황에게 맞서면서까지 지동설을 포기하지 않았다. 자신이 관측한 바에 따르면 지동설이 올바른 이론이라고 확신했기 때문이다.

그러나 시대의 분기점은 존재했다. 심지어 새로운 기술의 등장으로 기득권층의 이익이 근간부터 무너지기도 했다.

일본의 소설가 시바 료타로의 장편 소설 『나라 훔친 이야기』에서도 이를 엿볼 수 있다. 전국시대 당시 교토부에 있는 리큐하치만구는 무로마치 막부로부터 들깨 독점 판매권을 부여받은 신사였으며, 이를 바탕으로 경제적 이익과 지역에 대한 영향력을 확보했다. 그러나 유채꽃에서 기름을 짜는 기술의 발명으로 들깨보다 효율적으로 기름을 얻을 수 있게 되면서 리큐하치만구는 쇠퇴하고 말았다. 『나라 훔친 이야기』는 그러한 시대를 배경으로 사이토 도산이라는 다이묘(영주)의 생애를 그린 작품이다.

● **개인의 각성**

16~17세기 유럽에서 근대 과학이 부흥한 데에는 개인의 각성도 중요한 역할을 했다. "나는 생각한다, 고로 존재한다(『방법서설』, 1637)"라는 명언으로 유명한 프랑스의 철학자 르네 데카르트(1596~1650)는 사고의 주체인 인간 개개인의 지성과 이성을 감각보다 우선시했다. 그는 철학자로 유명하지만, 수학자이자 과학자이기도 했다. 물리학, 기상학, 수학, 생명과학 등 다양한 분야에 관심을 보였던 그는 뇌 기능을 연구하는 한편, 빛의 굴절과 무지개가 우리 눈에 보이는 원리를 고찰하기도 했다. 그뿐만 아니라 좌표 개념을 발명하여 물체의 위치와 운동을 평면은 물론 3차원 입체 공간에 나타내도록 했다.

한편, 데카르트는 자연 현상을 인간과 구분하여 기계 장치로 간주하는 기계론적 세계관을 주장했고, 자연 현상 속에서 보편적인 법칙성을 찾아내고자 했다. 그리고 그는 기독교 철학의 영향을 강하게 받은, 이른바 '반이성적' 시대에 맞서 이성이라는 새로운 탈출구를 발견하는 데 성공했다.

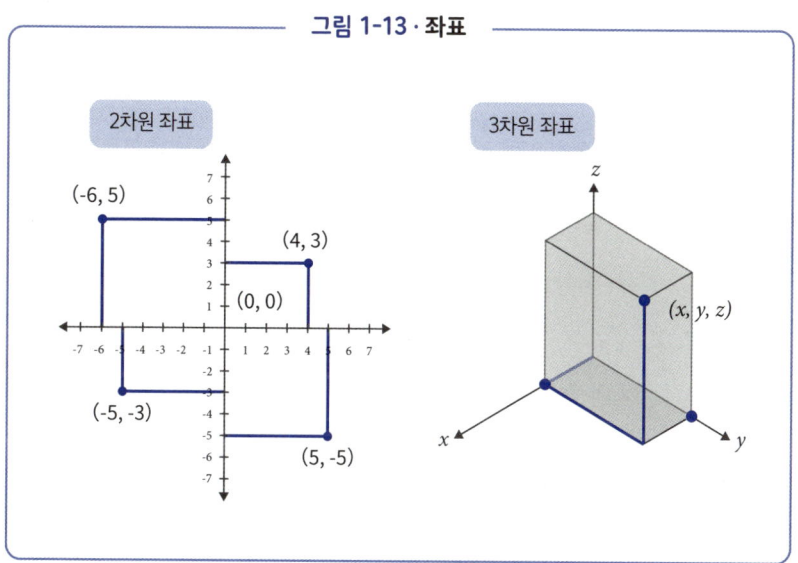

그림 1-13 · **좌표**

같은 시대에 활약한 영국의 철학자이자 과학자 프랜시스 베이컨(1561~1626)도 같은 견해를 펼쳤다. 그는 수많은 현상을 자세히 관찰하고, 그로부터 귀납적인 법칙성을 찾아내려 했다.

데카르트와 베이컨이 주장한 합리적 사고는 과학의 발전에 이바지했으며, 과학의 혁신적인 발전을 이룬 뉴턴과 파스칼 같은 후대의 천재들에게 영향을 미쳤다.

이 시대는 로크, 몽테스키외, 루소 같은 사상가들이 새로운 철학을 창안한 시대이기도 했다. 영국의 철학자이자 정치학자 존 로크(1632~1704)는 국민이 국가의 주권을 가지는 민주주의를 주장하여 개인의 주체성을 중시했다. 프랑스의 사상가 몽테스키외(1689~1755)는 『법의 정신』(1748)을 집필하여 삼권 분립을 주장했다. 마찬가지로 프랑스의 사상가이며 두 사람보다 조금 늦게 태어난 장자크 루소(1712~1778)는 저서 『사회계약론』에서 오늘날 민주주의의 근간이 되는 사상을 제시했다.

이들은 기독교가 지배하던 구시대적 사회, 즉 실제 사회 제도뿐만 아니라 사고방식과 가치관까지 지배하던 사회에 맞서 개개인이 주체가 되는 새로운 시대를 개척하고자 했다. 이러한 시대적 사상의 흐름을 근대 유럽의 계몽주의라고 한다.

● 일본 민주주의의 시발점이 된 에도 문화

여기서 잠시 시선을 일본으로 돌려보자. 당시 에도 시대였던 일본은 쇄국 정책을 펼쳐 해외의 정보를 차단했다. 그러나 민주주의에까지 이르지는 못해도 안정된 사회 분위기 속에서 서민 문화가 꽃피었고, 에도 시대 특유의 개인적 자유가 조금씩 묻어 나왔다. 과학자이자 작가였던 히라가 겐나이(1728~1780)의 기발한 발명품들에서도 이러한 분위기를 엿볼 수 있다.

당시 일본은 수교를 제한했지만, 네덜란드와는 교역과 인적 교류를 이어가며 세계의 정세와 과학기술에 관한 정보를 어느 정도 모았던 것으로 보인다. 다만 도쿠가와 막부가 정보를 통제했기 때문에 일반 민중에게까지 정보가 널리 퍼지지는 못했다. 19세기 메이지 유신 직전의 혼란기에 각 번(에도 시대의 영주 다이묘가 다스리던 영지-옮긴이)은 앞다투어 제철과 조선 등 근대 공업 기술과 이를 활용한 군사 기술을 중심으로 과학기술을 급속히 발전시킬 수 있었다. 이는 그 전부터 해외에서 지식과 기술에 관한 정보를 꾸준히 모은 덕이라고 할 수 있다.

그림 1-14 · 에레키테루*의 복제품

*에레키테루: 정전기를 일으키는 장치로 전기 실험에 사용되었다. 원래 네덜란드인이 에도 막부에 헌상했으나 이후 파손된 장치를 히라가 겐나이가 복원했다.-옮긴이

© Momotarou2012

근대 과학의 거인

—— 뉴턴

아이작 뉴턴(1643~1727)은 근대 과학의 막을 연 인물이라고 해도 과언이 아니다. 그는 갈릴레이가 세상을 떠난 다음 해인 1643년 1월 4일, 영국 중부 노팅엄 동쪽에 있는 울스도프라는 마을에서 태어났다. 1661년 케임브리지대학교에 입학한 뉴턴은 수학과 물리학에 비상한 면모를 보였다. 그러나 영국에 페스트가 유행하자 1665년 8월부터 약 1년 반 동안 고향에 내려와 지내게 되었다. 이 동안 뉴턴은 과학사에 길이 남을 세 가지 발견을 이루었는데, 당시 그의 나이는 22세였으니 젊었을 적부터 두각을 드러낸 천재였다고 할 만하다.

뉴턴의 세 가지 발견이란 중력, 광학 이론, 미적분을 가리킨다.

이 중 중력은 질량이 있는 모든 물체 사이에 작용하는 힘으로, 두 물체의 질량(m과 M, 단위는 kg)의 곱에 비례하고, 거리(r, 단위는 m)의 제곱에 반비례한다. 식으로는 다음과 같이 나타낸다.

$$F = G \frac{mM}{r^2}$$

F는 중력의 크기(단위는 N), G는 중력 상수이다. 다만 뉴턴은 정확한 중력 상수의 값을 제시하지 못했다. 이는 뉴턴이 중력을 발견한 지 약 130년이 지난 1798년에 밝혀졌다. 영국 귀족 출신의 물리학자 헨리 캐번디시(1731~1810)는 자신이 직접 만든

비틀림 저울로 지구의 밀도와 중력 상수의 값을 구하는 데 성공했다. 오늘날 정밀하게 측정된 중력 상수 G의 값은 $6.6743 \times 10^{-11} \text{N} \frac{m^2}{\text{kg}^2}$이다.

캐번디시는 큰 납 구슬과 작은 납 구슬을 막대에 매달고, 둘이 가까워졌을 때 작용하는 아주 작은 힘을 정밀하게 측정하는 실험을 반복하여 중력 상수를 구했다.

중력이 발견되면서 케플러의 법칙도 입증되었다. 뉴턴은 갈릴레이와 케플러처럼 눈부신 활약을 보여준 선대 과학자들의 업적을 집대성했고, 이는 근대 과학의 확립으로 이어졌다.

● **중력의 발견**

뉴턴이 사과나무에서 사과가 떨어지는 것을 보고 만유인력(중력)을 떠올렸다는 일화는 유명하다. 그러나 사실 뉴턴의 의문은 사실 '사과는 아래로 떨어지는데 왜 달은 떨어지지 않을까?'였다고 한다. 달은 지구로 떨어지지 않고 지구 주위를 공전하는데, 이는 달의 공전 속도로 발생한 원심력의 크기가 지구 중심으로 끌어당기는 중력의 크기와 같기 때문이다. 지구 주위를 도는 속도는 제1 우주 속도라고 하며, 지표면에서는 7.9km/s이다. 중력을 거슬러 날아가는 속도인 제2 우주 속도는 11.2km/s이다. 그리고 태양계에서 벗어날 때 필요한 제3 우주 속도는 16.7km/s이다.

인공위성을 발사하려면 제1 우주 속도까지 올려야 한다. 그보다 느리면 로켓은 지면에 떨어지고 만다. 만약 발사 속도나 발사각을 바꾸면 인공위성이 아니라 탄도 미사일이 될 수도 있다.

뉴턴은 1726년에 『프린키피아 제3권: 태양계의 구조』를 출간했는데, 포탄의 속도가 일정 속도에 이르면 인공위성이 된다고 설명한 그림이 실려 있다.

그림 1-15 · 『프린키피아』에 실린 그림

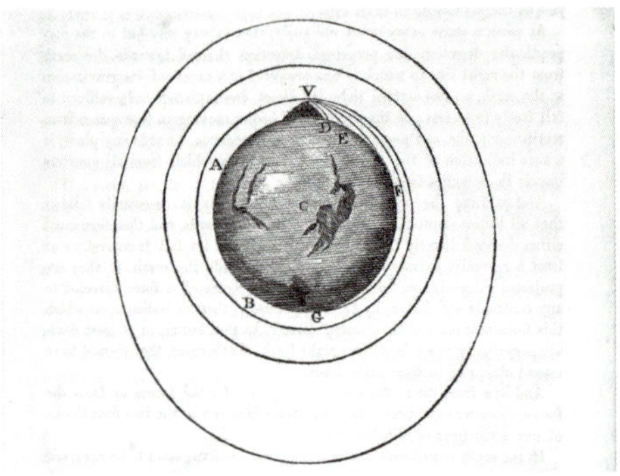

● 뉴턴의 세 가지 운동 법칙

뉴턴은 기존에 축적된 역학의 연구 성과를 '뉴턴 역학'이라는 이름으로 집대성했다. 중력은 물론 세 가지 운동 법칙도 이에 포함되었다. 뉴턴의 세 가지 운동 법칙은 관성의 법칙, 운동 방정식, 작용 반작용의 법칙이다.

'관성의 법칙'은 외부에서 힘을 받지 않는 한 물체는 계속 정지해 있거나 등속 직선 운동을 유지한다는 법칙이다. 무중력 상태인 국제우주정거장(ISS)에서 보내온 영상을 보면 사람이 물체에서 손을 뗀 순간 그 물체가 천천히 움직이는 모습이 찍혀 있다. 한번 움직이기 시작한 물체가 멈추지 않고 움직이는 이유는 관성의 법칙 때문이다. 실제로는 우주 정거장에도 공기가 존재하므로 공기 저항 때문에 물체는 점차 느려진다.

따라서 우주 공간처럼 중력도 공기도 없는 공간에서 움직이는 물체는 영원히 멈추지 않는다. 우주선 바깥에서 활동하는 우주 비행사가 우주 공간으로 날아가지 않도록 우주복에는 우주 정거장과 연결된 구명줄이 달려 있다.

다음으로 '운동 방정식'은 물체에 힘을 주면 힘을 준 방향으로 물체에 가속도가 붙는데, 가속도는 힘의 크기에 비례하고 물체의 질량에 반비례한다는 법칙이다.

'운동 방정식'은 $F=ma$로 나타낸다. m은 물체의 질량, a는 가속도의 크기(m/s²), F는 물체에 작용하는 힘(N)이다. 예를 들어 질량이 큰 물체를 질량이 작은 물체와 같은 속도로 움직이게 하려면 질량이 작은 물체보다 큰 힘을 가해야 한다. 그리고 움직이는 물체의 시간당 위치를 알면 물체에 작용하는 힘의 크기를 구할 수 있고, 물체에 작용하는 힘의 크기를 알면 시간의 변화를 통해 위치를 예측할 수 있으므로 물체가 운동하는 궤적을 알 수 있다. 즉, 시간당 물체의 위치와 속도를 알면 이후 위치와 속도를 예측할 수 있다. 바람의 방향이나 세기 같은 외부 요인이 존재하므로 실제로는 고려해야 할 조건이 많겠지만, 탄도를 그리며 낙하하는 미사일의 위치를 예측할 수 있으므로 역학적으로는 간단히 요격할 수 있다. 반대로 말하면 궤도가 변칙적인 최첨단 미사일일수록 요격하기 어렵다.

마지막으로 '작용 반작용의 법칙'은 한 물체가 다른 물체에 힘을 가하면, 힘을 받은 물체도 반대 방향으로 같은 크기의 힘을 가한다는 법칙이다. 로켓은 뒤쪽으로 고에너지 가스를 분사할 때 생기는 반작용을 이용하여 날아간다.

● 광학 이론의 발견

네덜란드의 물리학자 크리스티안 하위헌스(1629~1695)는 1690년에 빛의 파동설을 발표했다. 그러나 뉴턴은 이에 맞서 빛의 입자설을 주장했다. 빛이 거울에 반사되는 양상을 보면 빛의 정체를 입자로 생각해야 자연스럽다고 생각했기 때문이다.

1665년, 뉴턴은 프리즘에 통과시킨 햇빛이 빨간색부터 보라색까지 여러 색으로 나뉘는 현상을 발견하고, 색에 따라 빛 입자의 굴절률이 다르다는 결론에 이르렀다. 그리고 그는 햇빛을 비롯한 백색광이 여러 색의 빛이 혼합된 결과라는 사실도 밝혀냈다.

굴절은 빛이 서로 다른 매질을 통과할 때 일어나는 현상이다. 가령 빛이 공기에서 물로 들어가면 꺾여서 보이는데, 이는 물의 굴절률이 약 1.333이기 때문이다. 컵에 담근 빨대가 꺾여 보이는 현상처럼 굴절은 우리 주변에서 쉽게 발견할 수 있다. 뉴턴은 렌즈를 사용한 굴절 천체 망원경의 상이 뚜렷하게 보이지 않는 문제로 고민하고 있었다. 빛이 렌즈를 통과할 때 생기는 색의 차이로 굴절률의 차이가 생기면서 렌즈의 초점이 하나로 모이지 않고 대상 주위에 색이 번졌기 때문이다. 이를 색수차라고 한다. 오늘날에는 비구면 렌즈처럼 렌즈를 여러 장 겹치거나 특수 저분산(ED) 렌즈 또는 형석 렌즈를 사용하여 수차를 교정할 수 있지만, 뉴턴이 살던 시대에 그런 기술은 없었다. 뉴턴은 직접 거울을 갈아서 비구면 렌즈를 만들려 했으나 생각처럼 잘되지 않았다고 한다.

렌즈에 빛을 통과시키지 않으면 색수차가 생기지 않으리라고 생각한 뉴턴은 반사 망원경을 만들었다. 반사 망원경은 유리 또는 당시에는 금속으로 만든 오목 거울로 빛을 반사하여 렌즈처럼 한 곳에 초점을 만들고, 이를 접안렌즈로 확대해서 대상을 관찰한다. 뉴턴은 빛의 경로를 90° 꺾는 평면경의 보조 거울[45° 기울어져 있어 사경(斜鏡)이라고도 한다]을 반사경 초점 근처에 배치하여 관측하기 쉬운 구조의 망원경을 설계했다. 이것이 바로 1669년에 만들어진 이래로 오늘날까지 널리 쓰이는 뉴턴식 반

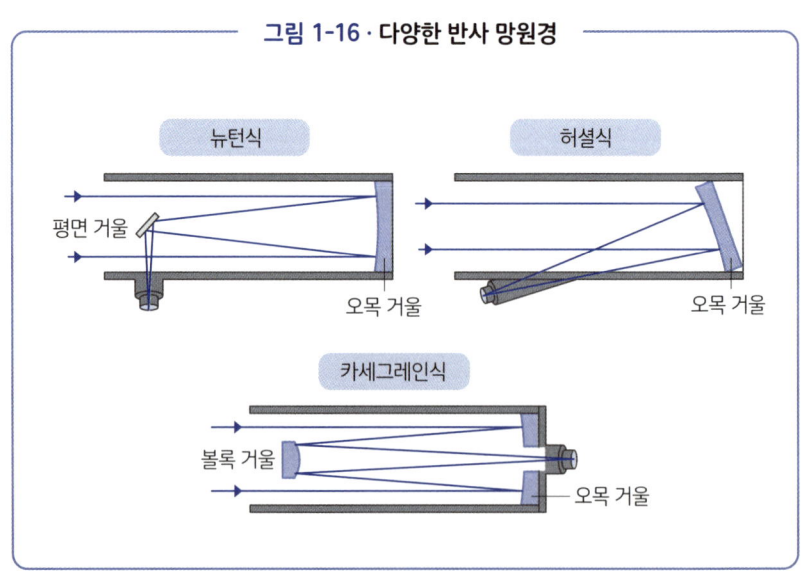

그림 1-16 · 다양한 반사 망원경

사 망원경이다. 그 밖에도 윌리엄 허셜(1738~1822)이 고안한, 주 거울의 초점을 비스듬히 기울이고 경통을 통해 비스듬히 관측하는 허셜식 망원경이나, 주 거울 한가운데에 구멍을 뚫고 경통 앞에 볼록 거울을 배치하여 빛을 반사하는 카세그레인식 망원경도 있다.

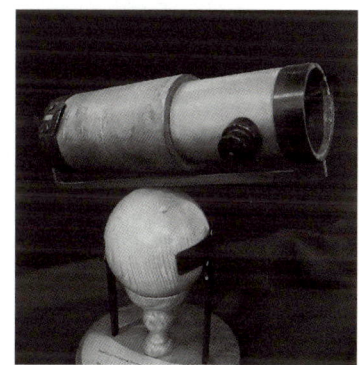

그림 1-17·
뉴턴식 반사 망원경

© Andrew Dunn, 2004년 11월 5일

오늘날에는 주 거울과 보조 거울에 각각 구면 거울, 포물면 거울, 쌍곡면 거울 등 다양한 반사경을 조합하여 구면 수차, 왜곡 수차, 코마수차 등 여러 수차를 배제한 반사 망원경들을 사용한다. 굴절 망원경보다 구경(경통의 지름)이 크므로 주 거울의 지름이 2.4m인 허블 우주 망원경이나 6.5m인 제임스 웹 우주 망원경(JWST) 등은 모두 반사 망원경이다.

뉴턴이 만든 최초의 반사 망원경은 주경의 지름이 1인치(약 25mm)였다고 한다. 현대인에게는 장난감처럼 느껴지겠지만, 반사 망원경은 발전을 거듭하며 오늘날에도 최첨단 분야에서 활약하고 있다.

광학 이론에서 눈여겨봐야 할 또 다른 업적도 있다. 훅의 법칙으로 유명한 영국의 물리학자 로버트 훅(1635~1703)이 1665년에 최초로 발견한 뉴턴 링(뉴턴의 고리) 연구가 그것이다. 훅은 현미경으로 수많은 대상을 관찰했고, 그 과정에서 세포를 발견하여 생명과학의 발전에 이바지했다.

평면 유리에 얇은 볼록 렌즈를 붙이면 빛이 반사될 때 렌즈의 곡률에 따라 입사광과 반사광의 파장이 약간 달라지면서 동심원 모양으로 간섭무늬가 생기는데, 이를 뉴턴 링이라고 한다. 간섭무늬는 빛이 파동임을 뒷받침하는 증거로 볼 수 있으므로,

그림 1-18 · 뉴턴 링

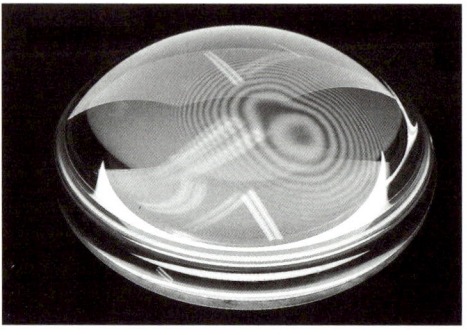

뉴턴은 빛이 입자라고 주장했지만 같은 시기에 파동설의 증거도 발견된 셈이다.

빛이 입자인지 파동인지를 두고 대립한 뉴턴과 하위헌스의 시대를 지나, 19세기 말부터 20세기에 걸쳐 아인슈타인의 광양자 가설과 양자역학이 등장하면서 빛은 입자의 성질과 파동의 성질을 둘 다 가지고 있는 존재로 밝혀졌다.

● 미적분의 발견

1665년, 페스트를 피해 고향으로 돌아온 뉴턴은 미분과 적분을 발견했다. 그러나 그는 독일의 수학자 고트프리트 빌헬름 라이프니츠(1646~1716)와 미적분의 최초 발견자 자리를 두고 다투게 되었다. 라이프니츠는 자신이 1675년에 미적분을 발표했다고 주장했고, 뉴턴은 자신이 1666년에 발견했다고 주장했다. 그러나 미적분에 관한 내용이 실린 『자연철학의 수학적 원리』, 통칭 『프린키피아』가 1687년에 출간되었기 때문에, 정식으로 뉴턴이 미적분을 발견한 해는 1687년이 되었다. 진실이 무엇이든 미적분의 발견은 시대의 흐름에 따른 결과였다. 그리고 뉴턴과 라이프니츠는 그 흐름을 잘 탔기에 각자 독자적으로 미적분을 발견한 게 아니었을까.

미적분을 간단히 설명하자면 미분은 어떤 현상의 변화를 무한하게 나눴을 때의 변화율을 구하는 방법이고, 적분은 시간의 변화에 따른 양의 변화를 구하는 방법이다.

뉴턴은 역학을 완성한 과학자답게 운동에 따른 물리량의 변화를 구하기 위해 미적분을 고안했고, 수학자였던 라이프니츠는 변화량을 나타내는 곡선 위에 있는 임의의 점에 대한 접선을 구하기 위해 미적분을 생각해냈다고 하니[출처: 『科学の事典(과학사전)』, 이와나미쇼텐] 두 사람의 개성이 잘 드러나는 일화이다.

뉴턴과 라이프니츠가 같은 시대에 같은 개념을 수학적으로 제시했다는 사실은 미적분이 계몽주의의 문턱에 들어선 근대 과학계에 필요한 개념이었다고도 해석할 수 있다. 이후 산업혁명이 일어나 기계 문명이 형성되면서 시간에 따른 양의 변화를 효율적으로 파악해야 했는데, 이에 미적분은 중요한 역할을 했다. 사회 규모가 커지면서 경제, 금융, 사회 등 여러 분야에서 통계를 내고 경제의 동향을 예측하여 기업을 경영하는 과정에서 미적분은 도구로도 활용되었다.

미적분은 다소 난해한 이미지가 있지만, 사실 현대인들은 스프레드시트 프로그램 등을 통해 특별히 의식하지 않고 미적분 지식을 활용하고 있다.

앞에서 언급한 『프린키피아』는 1687년에 출간된 뉴턴의 저서로, 뉴턴 역학의 집대성이자 당시 최첨단 과학기술 지식이 담긴 책이었다.

중력과 운동 법칙을 비롯하여 천체, 우주, 그리고 과학철학적 세계관을 제시한 『프린키피아』는 후대 과학기술의 발달에 큰 영향을 미쳤다.

그림 1-19 · 『프린키피아』

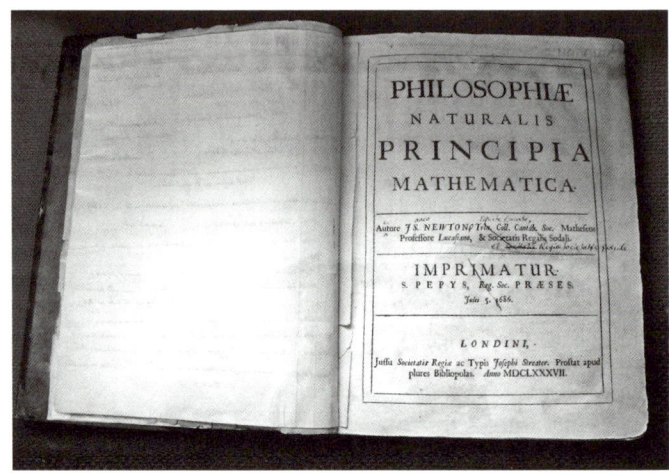

© Andrew Dunn, 2004년 11월 5일

뉴턴이 직접 필사한 『프린키피아』 제2판 사본. 손 글씨로 수정한 흔적이 있다. 영국 케임브리지대학교 트리니티 칼리지 도서관에서 소장 중.

나침반, 항해술, 지도

—— 메르카토르

● 항해술의 3대 신기

석기 시대에도 통나무배를 타고 바다를 건넜을 정도이니 인류가 최초로 바다를 건넌 시기는 아마 상당히 오래전이었을 터이다. 기록이 남아 있지 않아 당시 항해술의 발달 수준까지는 알 수 없지만, 태양과 별의 위치를 보고 현재 위치를 파악하는 간단한 항해술이 아니었을까. 그렇지만 이들은 목숨을 건 항해에 나섰다. 운이 좋아 태풍을 피하고 방향을 똑바로 잡은 사람들만이 살아남아 바다를 건너는 데 성공했다.

석기 시대뿐만 아니라 삼국이 일본 및 수나라·당나라와 활발한 해상 교류를 했던 6~7세기에도 항해는 여전히 목숨을 건 위험한 여정이었다. 그러나 어떤 발명품의 등장으로 정확하고 확실한 항해를 할 수 있게 되었는데, 그것은 바로 나침반이다. 방위 자석을 이용한 나침반이 발명되면서 선원들은 배가 아무리 흔들려도 방향을 똑바로 잡을 수 있게 되었다. 어디가 북쪽인지만 알면 이를 기준으로 바늘의 각도가 90°면 동쪽, 180°면 남쪽, 270°면 서쪽이라는 식으로 나침반의 각도를 보고 침로를 정할 수 있었다. 자석은 자철광의 형태로 자연에 존재했고, 인류는 오래전부터 자력이 있는 돌의 존재를 인지하고 사용해왔다. 방위 자석을 실용적으로 쓰기 시작한 시초는 11세기 중국이라고 한다. 자철광에 문질러 자성을 띠게 한 가느다란 쇠바늘을 나뭇잎이나 가죽에 끼워 물에 띄우면 바늘 한쪽 끝이 북극성을 가리킨다. 북극성이 정북 방향에 있다는 사실을 발견한 이들은 별의 일주 운동(지구의 자전에 따라 별이 한 바

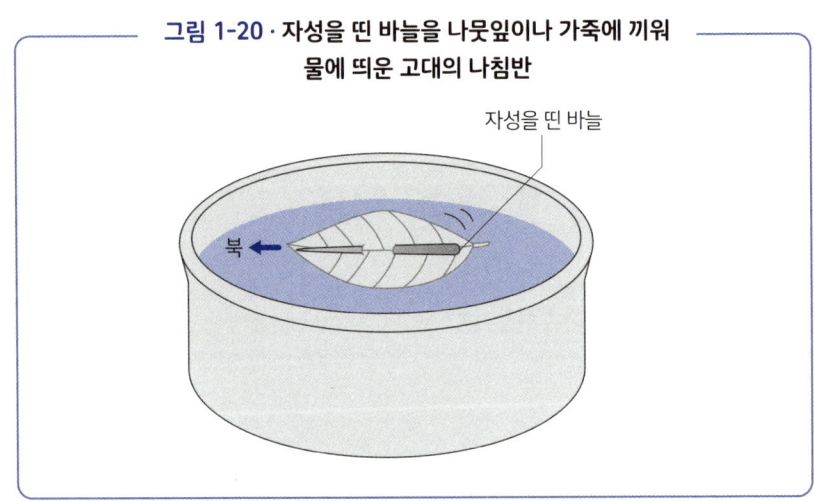

그림 1-20 · 자성을 띤 바늘을 나뭇잎이나 가죽에 끼워 물에 띄운 고대의 나침반

퀴 도는 것처럼 보이는 겉보기 운동)을 관찰했던 고대 이집트인이었다.

바늘을 나뭇잎에 끼워 물에 띄우면 주변에서 진동이 생길 때 수면도 함께 흔들렸기 때문에, 항상 흔들리는 배 위에서는 제대로 활용하기 어려웠다. 그래서 중심에 지지대를 세워 바늘이 잘 흔들리지 않도록 개량한 나침반이 13세기에 등장했다.

그런데 자석이 가리키는 북쪽(자북)과 실제 지구상의 북쪽(진북)은 완전히 똑같지 않으며, 이 둘의 편차는 나침반을 사용하는 위치에 따라 달라진다. 게다가 위치가 같아도 편차는 매해 달라졌다. 15세기에서 16세기에 걸친 대항해 시대 당시 사람들은 이미 자기 편차, 즉 진북과 자북의 차이를 알고 있었다고 한다.

이처럼 항해 중 나침반을 활용하면 북극성이 보이지 않는 낮에도, 흐리거나 비가 오는 날에도 헤매지 않고 목적지에 도달할 수 있었다.

그러나 항법의 정확도를 높이려면 나침반뿐만 아니라 지도도 필요했다. 오늘날에도 쓰이는 메르카토르 도법으로 작성된 지도는 원래 항해를 위해 고안되었다. 메르카토르 도법은 1569년에 플랑드르(오늘날의 벨기에)에서 태어난 게라르두스 메르카토르(1512~1594)가 고안했다. 이 지도는 지구에 적도와 맞닿은 원통을 씌우고 중심에 빛을 두었을 때 생기는 투영 그림자를 종이에 옮긴 것이다. 이때 경도선과 위도선이 직각으로 교차한다. 따라서 출발 지점에서 목표 지점까지 직선을 긋고 경도선과 항로가 이루는 각도를 구한 다음 배의 침로를 따라가면 목적지에 도달할 수 있다. 지도에 정해진 선을 긋기만 해도 항로를 구할 수 있기에 항해에 매우 유용했다. 메르카토르 도법으로 그린 지도 위에 그은 직선을 항정선이라고 하는데, 이를 따라 항해하는 배의 항적은 지구상의 두 점을 최단 거리로 잇는 호인 대권 항로보다 길다. 그리고 메르카토르 도법으로 측정한 거리도 정확하지는 않았지만, 좁은 범위에서는 항법에 거의 영향을 미치지 않으므로 여전히 항해에 유용했다.

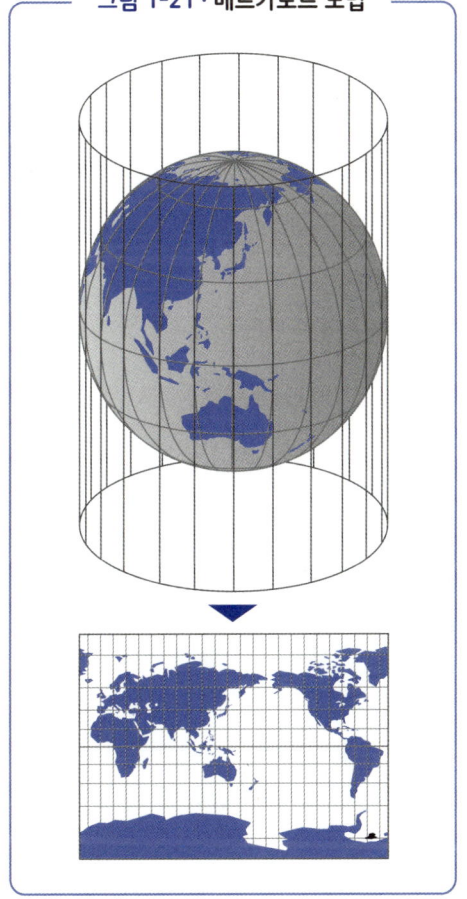

그림 1-21 · 메르카토르 도법

나침반, 지도와 함께 빠져서는 안 될 또 다른 발명품이 있으니, 바로 정밀한 시계이다. 태양이 정남 방향에 위치할 때의 고도(앙각)와 밤에 보이는 북극성의 고도를 통해 구할 수 있는 위도와 달리 경도는 계산하기 까다로웠다.

험난한 항해에서도 사용할 수 있도록 만들어진 정밀 시계는 경도의 계산을 간단하게 만든 주역이었다. 배가 난파하거나 좌초하지 않고 목적지까지 효율적으로 항해하려면 정밀한 항법이 필요했고, 1714년에 영국 정부는 경도를 측정할 수 있는 시계를 개발한 사람에게 상금을 주겠다는 법안까지 발표할 정도였다.

경도를 측정할 때 쓰이는 정밀 시계는 영국의 기술자 존 해리슨(1693~1776)이 1735년에 발명했다. 경도는 그리니치 천문대를 지나는 본초자오선(0°)을 기준으로 동쪽과 서쪽 각각 180°씩 총 360°로 나뉘며, 1시간당 15°씩 차이 난다. 항해 중 현재 위치와 그리니치의 시차를 알면 별의 위치를 통해 현재의 경도를 구할 수 있다.

그림 1-22 ·
존 해리슨의 정밀 시계

© Racklever

● **대항해 시대를 개척한 위대한 발명**

나침반과 지도와 정밀 시계의 발명으로 안전하고 효율적인 항해가 가능해졌다. 그리고 이로써 대항해 시대라는 세계사에 남을 시대가 열렸다. 각국에서 대형 선박들이 출항했고, 교역이 발전했으며, 각지의 농산물과 자원이 전 세계로 퍼져나갔다. 교역을 계기로 유럽에는 존재하지 않던 아시아와 아프리카의 문화, 예술, 지식이 유입되면서 시대는 다시 한번 크게 변화하기 시작했다.

대항해 시대는 대규모 교역으로 발생한 막대한 이익에 의해 오늘날의 자본주의가 탄생한 시대이기도 했다. 그러나 군사력과 경제력으로 식민지를 확장한 유럽 각국 사이에는 경쟁이 점점 심해졌고, 갈등이 끊이지 않았다. 대항해 시대의 태동기부터 시작된 아프리카, 중남미, 아시아의 식민지화는 국가 간 격차라는 형태로 오늘날에도 남아 있다.

● **최초의 국제화 시대**

대항해 시대는 사상 최초로 전 세계가 하나로 연결된 국제화 시대이기도 했다. 그 전까지 알려지지 않았던 신대륙이 발견되어 지도에 새로 그려졌다. 스페인 함대를 이끈 이탈리아 출신의 크리스토퍼 콜럼버스(1451~1506)는 1492년에 아메리카 대륙을 발견했다. 포르투갈 출신의 페르디난드 마젤란(1480~1521)은 최초로 세계 일주에 성공했으며(1519~1522), 같은 포르투갈 출신인 바스쿠 다 가마(1469~1524)는 아프리카 남단의 희망봉을 돌아 인도 항로를 발견했다. 이처럼 수많은 인물의 활약으로 인류의 활동 무대는 전 세계로 넓어졌다.

나침반, 지도, 정밀 시계라는 항해의 3대 신기가 모이면서 항해술은 더욱 정밀해졌지만, 지도 자체는 아직 완전하지 않았다. 발견되지 않은 대륙이 여전히 많았기 때문이다.

아메리카 대륙의 발견자로 유명한 콜럼버스는 아메리카 대륙에 속하는 바하마제도의 산살바도르에 도착하고서는 그곳을 인도라고 믿었다. 당시 지도에는 아메리카 대륙이 없었으니 어쩌면 당연한 일이었는지도 모른다. 아메리카 대륙은 1513년에 파나마 지협을 지나 대서양에서 태평양으로 들어선 스페인의 탐험가 바스코 누녜스 데 발보아(1475~1519)에 의해 유럽에 최초로 알려졌다. 그는 태평양의 발견자로도 유명하다. 1538년, 메르카토르 도법의 고안자인 메르카토르는 지도에 아메리카 대륙을 처음으로 그려 넣었다.

항해술의 발달로 사람들의 세계는 한층 넓어졌고, 새로운 시대의 막이 열렸다.

망원경의 발명

— 리퍼세이, 갈릴레이

● 렌즈의 발명

항해술의 발달로 사람들의 시야는 전 세계로 넓어졌고, 동시에 과학적 호기심의 범위도 하늘 저편의 우주와 우리 주변에 존재하는 미시 세계로까지 확장되었다.

앞에서 소개했듯이(49쪽) 네덜란드의 한스 리퍼세이가 1608년에 세계 최초로 망원경을 만들었다. 이듬해인 1609년에는 갈릴레이가 천체 망원경을 만들었다. 갈릴레이는 자신이 만든 천체 망원경으로 달의 크레이터를 발견했고, 금성이 차고 기우는 양상을 관찰했다. 그리고 목성의 4대 위성이 목성 주위를 규칙적으로 공전하는 모습에서 지동설의 힌트를 얻기도 했다.

렌즈가 인류의 역사에서 언제 처음 등장했는지는 분명하지 않다. 그러나 12세기까지 사람들은 수정을 갈아 만든 볼록 렌즈로 물체의 확대된 상을 관찰했고, 이렇게 만든 렌즈를 '리딩 스톤(Reading stone)'이라고 불렀다. 이를 기점으로 렌즈를 연마하는 기술이 발전했고, 안경도 점차 대중에 보급되었다. 망원경을 발명한 리퍼세이 역시 안경 기술자였다.

망원경의 요소는 기능에 따라 광학계와 기계계로 구분한다. 다양한 렌즈 부품으로 이루어진 광학계는 망원경의 핵심 기술로 설계되어 있다. 그리고 기계계는 경통을 지지하고, 관찰하려는 천체를 찾아내고, 일주 운동을 하는 별을 추적하는 기능을 담당한다.

● 갈릴레이식 망원경

리퍼세이가 고안한 망원경은 광축을 맞추고 간격을 두고 배치한 두 렌즈를 통해 멀리 떨어진 상을 크게 볼 수 있다. 대상에 가까운 대물렌즈로 볼록 렌즈를, 들여다보는 눈에 가까운 접안렌즈로는 대물렌즈보다 지름이 작은 오목 렌즈를 사용했다. 갈릴레이가 만든 망원경도 같은 구조였다. 갈릴레이식 망원경은 상이 똑바로 보인다는 장점이 있지만, 시야가 좁은데 배율을 높이면 시야가 더 좁아지는 바람에 배율을 높이기 힘들어 천체 관측용으로는 적합하지 않았다. 이 단점을 극복하기 위해 고안된 방식이 접안렌즈에도 볼록 렌즈를 사용한 케플러식 망원경이다. 오늘날 굴절 망원경은 대부분 케플러식 망원경이다.

케플러식 망원경은 고배율로 상을 관찰할 수 있다는 점이 큰 장점이었다. 상이 뒤집혀 보이므로 지상을 관측하기에는 적합하지 않지만, 천체를 관측할 때는 위아래를 구분하지 않으므로 단점이 되지 않는다. 다만 망원경과 시야가 반대로 움직이므로 적응이 필요한데, 오늘날에는 컴퓨터로 천체를 자동으로 찾아 일주 운동 궤도를

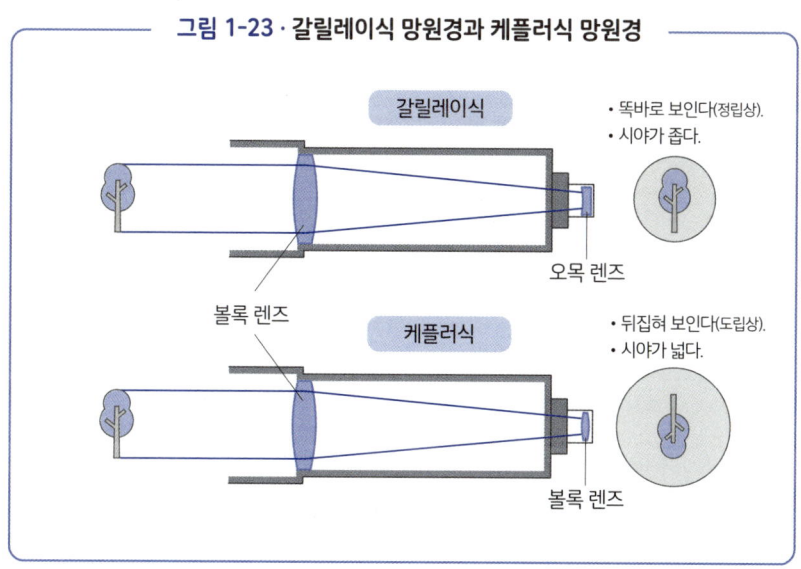

그림 1-23 · 갈릴레이식 망원경과 케플러식 망원경

추적하므로 이 역시 고려할 필요가 없어졌다.

망원경은 광학계의 구조에 따라 굴절 망원경과 반사 망원경으로 나뉜다. 굴절 망원경은 빛을 렌즈에 통과시켜 굴절, 즉 빛의 경로를 바꿈으로써 초점을 모은다. 그러나 빛의 굴절률은 색(파장)마다 다르므로 '색수차'라는 색 번짐 현상이 생긴다. 파장이 짧은 보라색 빛의 굴절률은 약 1.34이고, 파장이 긴 빨간색 빛의 굴절률은 약 1.32이므로 파장에 따라 초점이 맺히는 위치가 조금씩 다르다. 파란색 빛을 기준으로 초점을 맞추면 대상 주변에 빨간색이 번지고, 빨간색에서 노란색 영역을 기준으로 초점을 맞추면 윤곽에 보라색이 번져 보인다.

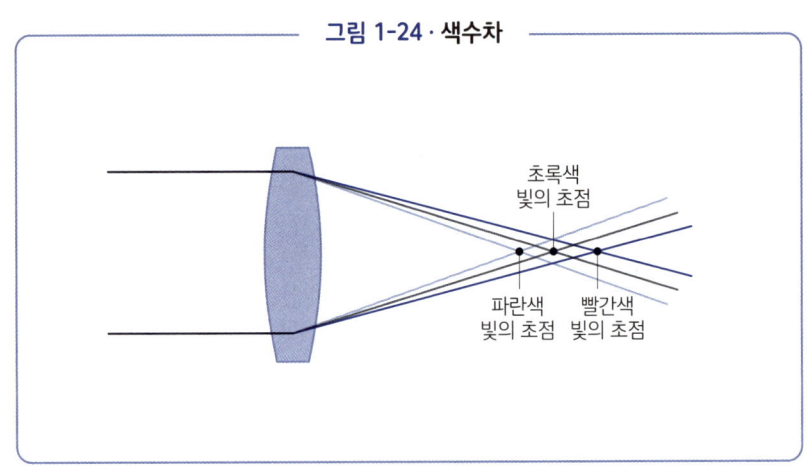

그림 1-24 · 색수차

렌즈의 수차를 극복한 기술

—— 프라운호퍼

● 색이 없는 색지움 렌즈

렌즈에 나타나는 수차는 크게 축상 색수차와 배율 색수차로 나뉘는 색수차, 그리고 구면 수차, 왜곡 수차, 만곡 수차, 비점 수차, 코마수차 등 다양하다.

축상 색수차는 광축을 따라 맺히는 초점의 위치가 빛의 파장에 따라 달라져 생기는 색수차이고, 배율 색수차는 광축에 비스듬히 들어온 빛이 파장에 따라 서로 다른 배율로 굴절되어 발생한 색수차이다.

구면 수차는 렌즈 중심을 통과하는 빛과 렌즈 주변을 통과하는 빛이 서로 다른 위치에 초점을 맺어 생기는 수차이다.

왜곡 수차는 정사각형이 왜곡되어 보이는 수차로, 오목하게 휜 바늘꽂이형 왜곡과 볼록하게 부풀어 오른 술통형 왜곡으로 나뉜다.

만곡 수차(상면 만곡 수차)는 상이 곡면에 맺혀 그릇 바닥에 그린 그림처럼 시야 중심과 주변의 초점이 어긋나 보이는 수차이다.

비점 수차는 렌즈의 수평 방향과 수직 방향의 곡률이 달라 생기는 수차이다.

코마수차는 시야 주변에서 초점이 시야 바깥으로 갈수록 퍼져 흐리게 보이는 수차이다.

이처럼 다양한 수차 중 특히 색수차와 구면 수차는 화질을 크게 열화시킨다. 렌즈의 재질과 모양을 바꾸거나 렌즈 중심과 주변의 곡률이 다른 비구면 렌즈를 사용할 수도 있고, 혹은 렌즈를 여러 개 조합하는 등 수차를 줄이는 방법은 다양하다. 망원경과 카메라를 비롯한 광학 기기의 역사에는 색수차를 줄이기 위해 연구해온 과학자들의 노력이 담겨 있다.

색이 없는 렌즈라면 천체의 색을 정확하게 관측할 수 있다. 그리고 렌즈에 왜곡이 없으면 천체의 위치를 정확하게 측정할 수 있다. 색수차가 적은 렌즈를 '색지움 렌즈'라고 하는데, 상이 흑백으로 보이는 렌즈가 아니니 오해해서는 안 된다. 상의 정확한 관찰을 방해하는 색수차를 없앤 렌즈라는 뜻이다.

리퍼세이와 갈릴레이가 만든 망원경은 대물렌즈와 접안렌즈를 한 개씩 사용했기 때문에 각종 수차가 매우 컸다. 오늘날에는 수차를 최대한 줄이기 위해 비구면 렌즈를 사용하거나 굴절률이 서로 다른 유리 소재의 렌즈를 여러 개 조합하므로 굴절 망원경의 수차가 관측에 영향을 주지 않을 만큼 줄었다. 특히 형석, 저분산 유리, 초저분산 유리가 개발되고 이를 상품화한 ED 렌즈, SD 렌즈 등 굴절 성능이 뛰어난 제품이 등장하면서 색수차는 이제 거의 신경 쓰이지 않을 만큼 바로잡혔.

이러한 기술은 광학 유리 연구가 발전한 20세기 중반부터 쓰이기 시작했으니 의외로 역사가 짧은 편에 속한다.

16세기부터 19세기까지는 기술력의 문제로 렌즈의 수차를 보정하기 힘들었지만, 방법이 아예 없지는 않았다. 대물렌즈의 초점 거리를 늘리면 되기 때문이다. 초점 거리를 늘리면 빛의 파장에 따른 초점의 위치를 적정 범위로 좁힐 수 있다. 갈릴레이식 망원경은 초점 거리가 1,330mm[출처: 『天文教育(천문 교육)』 2010년 3월호]였는데, 당시 망원경들은 대부분 경통이 매우 길었다. 경통이 얼마나 길었던지 경통 없이 렌즈만 공중에 띄운 공중 망원경이라는 물건까지 등장할 정도였다. 네덜란드의 천문학자 하위헌스가 1675년에 제작한 공중 망원경의 경통 길이는 무려 46m나 되었다고 한다.

수차를 줄이는 또 다른 방법은 조리개를 삽입하는 것이다. 대물렌즈 주위를 원통형 덮개로 가려 빛이 렌즈 중심으로만 들어오게 하면 구면 수차를 줄일 수 있다. 갈릴레이식 망원경 역시 대물렌즈에 조리개가 달려 있다.

하위헌스는 1655년에 직접 만든 망원경으로 토성의 고리와 위성 타이탄을 발견한 업적으로 유명하지만, 그가 고안한 접안렌즈의 구성 역시 역사에 남을 만한 위업이다. 크고 작은 평면 볼록 렌즈 2개가 한 쌍으로 들어간 하위헌스식 접안렌즈는 색수차가 약간 남아 있고 만곡 수차도 있지만, 구조가 간단하고 비용이 저렴하여 1970년대까지도 널리 쓰였다. 하위헌스식 접안렌즈는 원래 시야 렌즈와 눈 쪽 렌즈 모두 한쪽이 평평한 평면 렌즈였지만, 독일의 화학자 모리츠 미텐츠베이(1836~1889)가 양면에 곡률이 들어간 메니스커스 렌즈를 대물렌즈 쪽에 있는 시야 렌즈로 사용하여 상면 만곡을 줄였다. 이를 개량형 하위헌스식 접안렌즈 혹은 미텐츠베이-하위헌스식 접안렌즈라고 한다.

● **수차를 극복한 렌즈의 등장**

시간이 흘러 1970년대 이후에는 설계 프로그램이 개발되었고, 저분산 유리와 초저분산 유리 같은 신소재 유리가 널리 보급되었으며, 비구면 렌즈의 제조 기술 또한 발전하면서 렌즈의 성능은 급속도로 좋아졌다. 오늘날에는 입문용 천체 망원경에도 접안렌즈로 렌즈를 4개 조합한 아베식 오소스코픽 또는 플뢰슬식 오소스코픽 렌즈를 사용하거나, 렌즈를 5개 이상 조합하여 색수차를 비롯한 각종 수차를 보정하고 넓은 시야까지 확보한 고성능 렌즈도 종종 사용한다. 그리고 접안렌즈의 편의성에 영향을 미치는 요소로 겉보기 시야(망원경으로 상이 보이는 각도)와 아이 포인트(접안렌즈부터 안구 표면까지의 거리로, 길수록 대상을 관찰하기 쉽다)의 길이 등이 있는데, 이 역시 렌즈의 조합을 연구하여 구현한 산물이다.

갈릴레이 시대의 망원경에는 렌즈가 1개만 들어갔지만, 이후 굴절률이 서로 다른 렌즈 2개를 겹쳐 색수차를 줄이는, 즉 색지움 성능을 높인 아크로매틱 렌즈(빨간색 빛과 파란색 빛의 초점이 맞도록 보정한 렌즈)가 등장했다. 아크로매틱 렌즈는 19세기에도 쓰였는데, 독일의 물리학자 요제프 폰 프라운호퍼(1787~1826)가 발명한 프라운호퍼형 아크로매틱 렌즈는 오늘날에도 천체 망원경용으로 쓰인다. 프라운호퍼는 스펙트럼에서 나타나는 검은 흡수선인 프라운호퍼선을 연구한 과학자이기도 하다.

아크로매틱 렌즈에 이어 빨강, 파랑, 녹색 등 3가지 색을 보정한 아포크로매틱 렌즈가 등장했다. 1970년 전후로 형석 렌즈나 ED 렌즈로 만든 아포크로매틱 렌즈가 대물렌즈로 널리 쓰이기 시작했다. 오늘날에는 형석 렌즈나 ED 렌즈를 채용한 아포크로매틱 렌즈가 보급된 덕에 반사 망원경과 거의 같은 상을 얻을 수 있다. 그러나 구경이 같을 때 구경당 비용이 반사식 망원경의 10배가 넘을 만큼 단가가 높은 탓에 대형 망원경은 대부분 반사 망원경이다.

● 코팅 기술의 발전

망원경의 성능을 끌어올린 또 다른 요소는 코팅 기술이다. 코팅이란 렌즈 표면에 도포한 박막을 가리킨다. 안경 렌즈나 카메라 렌즈에서 보이는 초록색 또는 보라색 반사광이 바로 코팅 색이다. 유리를 코팅하지 않으면 표면에서 빛이 반사되는데, 수차를 줄이려고 렌즈를 여러 장 겹치면 렌즈마다 반사된 빛에 의해 투과율과 대비 감도가 떨어진다. 수십 년 전에 쓰던 카메라 렌즈를 최신 카메라에 넣고 사진을 찍으면 낮은 대비 감도 때문에 사진이 흐리게 찍히는데, 이 차이를 만드는 원인이 코팅이다.

코팅 두께는 가시광선의 파장보다도 짧으며, 코팅 표면(공기층 쪽과 렌즈 쪽)에서 반사되는 빛 파장의 위상이 달라 서로 상쇄되면서 반사를 줄이는 원리를 활용한다.

코팅을 한 번만 하면 싱글 코팅, 반사되는 빛의 파장을 최대한 줄이기 위해 몇 겹씩 코팅하면 멀티 코팅이라고 한다. 코팅은 진공 용기 안에서 플루오린화 마그네슘 등의 코팅 재료를 기화하여 렌즈에 증착(기체로 증발한 물질이 고체로 응축되어 표면에 부착되는 현상-옮긴이)시키는 고급 기술이다. 본격적인 코팅 기술은 1950년대부터 쓰이기 시작했고, 이후로도 코팅 기술이 빠르게 발전하여 1960년대부터는 멀티 코팅이 보급된 덕에 오늘날에도 광학 제품에는 대부분 멀티 코팅한 렌즈가 들어간다.

● 천체의 일주 운동을 추적한 적도의

망원경을 지지하는 가대 역시 천체 망원경의 성능을 결정하는 주요 요소이다. 천체는 지구의 자전에 따라 일주 운동을 하므로 움직임을 추적하지 않으면 금세 시야에서 사라지고 만다. 그래서 축의 톱니바퀴를 돌리기만 해도 천체의 움직임을 따라갈 수 있는 '적도의'라는 가대가 만들어졌다. 적도의는 북극성 방향으로 향하는 적경축, 그리고 적경축과 수직으로 교차하며 회전하는 적위축이라는 두 축으로 구성되어 있다. 적경축을 정확하게 북극성 방향에 맞추면 언제나 놓치지 않고 망원경을 회전하면서 천체의 일주 운동에 맞춰 별을 관측할 수 있다.

이는 '독일식 적도의'라고 하며, 앞에서 소개한 19세기 초 독일의 물리학자 프라운호퍼가 발명했다.

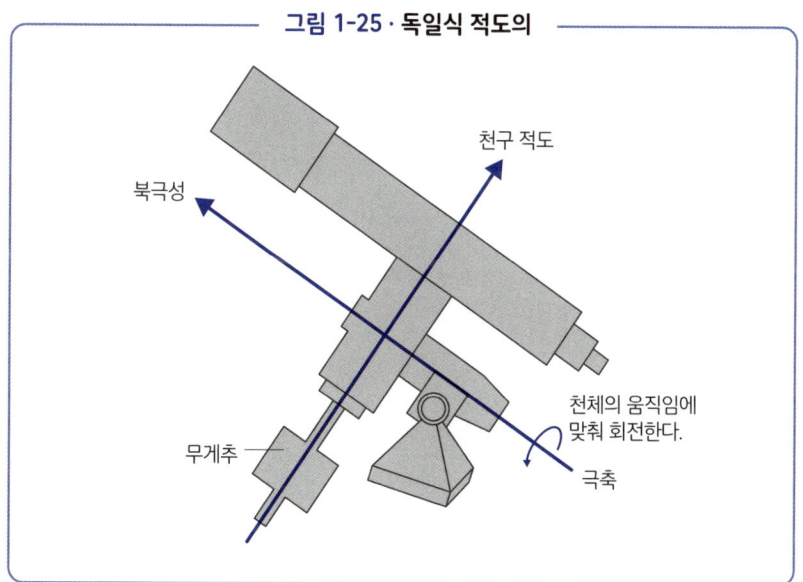

그림 1-25 · 독일식 적도의

11

 현미경의 발명

───── 얀센 부자, 훅

망원경이 눈에 보이지 않는 우주 저편을 지구로 가져오는 도구라면, 현미경은 우리 주변에 존재하지만 눈에 보이지 않는 미시 세계를 확대해서 보여주는 도구이다. 망원경과 마찬가지로 현미경도 근대 과학의 발전에 큰 영향을 미친 기술이다.

현미경은 16세기 말, 망원경과 비슷한 시기에 발명되었다. 멀리 떨어진 대상을 보느냐 혹은 가까이 있는 대상을 확대해서 보느냐에 따라 광학계는 다르지만, 기본적으로 현미경도 망원경처럼 두 렌즈의 조합으로 이루어져 있다. 안경 렌즈는 14~15세기경 대중에 보급되었는데, 이와 함께 렌즈의 제조·판매업이 발달하면서 망원경과 현미경의 개발로 이어진 것으로 여겨진다.

● 현미경을 발명한 얀센 부자

네덜란드의 안경 기술자였던 얀센 부자는 1590년경 세계 최초로 현미경을 발명했다. 1660년대에는 영국의 물리학자 로버트 훅(1635~1703)이 현미경으로 코르크의 단편을 관찰하여 작은 방(세포)으로 이루어진 구조를 발견했다. 훅이 1665년에 펴낸 『마이크로그라피아』에는 현미경으로 벼룩과 파리를 관찰하고 그린 상세한 스케치가 실려 있다.

17세기 영국의 위대한 과학자 훅은 같은 시대를 살았던 뉴턴에게 견줄 만한 업적을 세운 인물이다. 빛의 입자설을 주장한 뉴턴과 달리 훅은 파동설을 주장했으며, 용

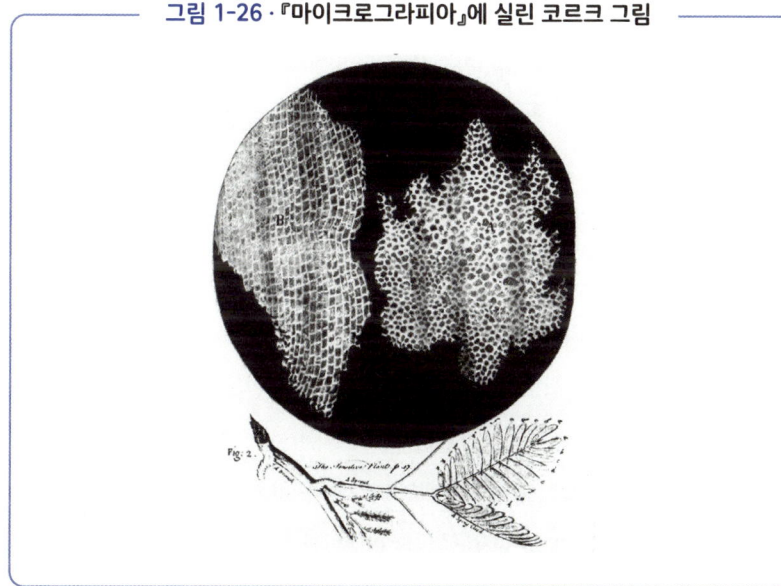

그림 1-26 · 『마이크로그라피아』에 실린 코르크 그림

수철이 늘어나는 길이가 힘의 크기에 비례한다는 훅의 법칙도 발견했다.

현미경으로 생물을 관찰한 기록을 남긴 인물은 훅뿐만이 아니었다. 네덜란드 태생의 안토니 판 레이우엔훅(1632~1723)을 잊어서는 안 된다. 원래 과학자가 아니라 상인이었던 그는 수백 대에 달하는 현미경을 만드는 등 현미경에 강한 호기심을 보였다. 레이우엔훅은 눈에 보이지 않는 미생물을 현미경으로 발견했고, 적혈구와 정자를 비롯한 다양한 세포의 정밀한 스케치를 남겼다.

두 사람이 활약한 17세기에는 돋보기에 가까운 단식 현미경, 대물렌즈와 접안렌즈를 사용한 복식 현미경 등 2종이 주로 쓰였다. 이후 수차를 보정해 시야를 개선한 복식 현미경이 주류가 되었지만, 단식 현미경도 여전히 루페로 활용되고 있다.

현미경으로 세포와 혈액 같은 생체 일부를 눈으로 볼 수 있게 되면서 근대 의학과 생명과학은 비약적으로 발전했다.

● 전자 현미경의 등장

아무리 광학계의 성능이 뛰어나더라도 광학 현미경에는 물체를 분간하는 최소 거리인 분해능의 한계가 있다. 빛을 이용하여 대상을 관찰하므로 빛의 파장(350~800nm)을 벗어나는 영역은 볼 수 없기 때문이다. 광학 현미경의 한계 분해능은 이론적으로 약 200nm(나노미터)이다. 현미경과 망원경은 배율이 클수록 물체를 잘 볼 수 있지만, 물체를 구분하는 능력은 분해능에 달려 있다. 분해능은 대물렌즈의 구경과 현미경의 개구수에 의해 결정되며, 이 값이 클수록 분해능이 좋다.

전자 현미경은 빛의 파장보다 작은 대상을 보기 위해 만들어졌다. 전자 현미경은 빛 대신 전자선(전자의 흐름. 음극선이라고도 하며 TV 브라운관에 쓰였다)을 사용하여 광학 현미경의 분해능 한계를 극복했다. 전자선의 파장은 빛보다 훨씬 짧으므로, 전자 현미경은 광학 현미경보다 수백~수천 배 높은 분해능으로 광학 현미경으로는 볼 수 없는 영역까지 자세히 관찰할 수 있다. 최신 현미경인 주사 터널링 현미경(STM)은 지름이 0.1nm인 원자까지 관찰할 수 있을 만큼 분해능이 뛰어나다.

전자 현미경은 빛 대신 전자선을 사용하고, 렌즈 대신 자기력으로 전자선의 방향을 바꾼다. 전자는 음전하를 띠므로 코일에 전류를 흘려 자기장을 발생시키면 렌즈로 빛을 굴절시키듯이 전자선의 경로를 바꿀 수 있다. 전자 현미경은 크게 두 종류로 나뉜다. 하나는 광학 현미경처럼 얇게 가공한 시료에 전자선을 투과시켜 관찰하는 투과 전자 현미경(TEM)이고, 다른 하나는 시료 표면에 전자선을 주사했을 때 발생하는 2차 전자를 검출하는 주사 전자 현미경(SEM)이다. 투과 전자 현미경에는 눈에 보이지 않는 전자를 빛으로 바꿔 상을 맺히게 하는 형광판이 필요하다.

전자 현미경은 1931년, 독일의 물리학자 에른스트 루스카(1906~1988)와 전기 기술자 막스 놀(1897~1969)에 의해 발명되었다. 루스카는 전자 현미경을 발명한 공로로 1986년에 노벨 물리학상을 받았다.

전자 현미경에 사용되는 전자선의 파장은 지름이 0.1nm인 원자보다 짧으므로 원자를 하나하나 구별할 수 있다. 2013년, 미국 IBM 리서치는 자사에서 개발한 주사 터널링 현미경(STM)으로 원자를 하나씩 인위적으로 움직여 제작한 약 250프레임(1분 33초)의 애니메이션 「소년과 원자」를 발표하여 화제가 되었다.

주사 터널링 현미경은 극도로 가느다란 탐침을 원자 표면에 갖다 대어 1개의 원자를 주사할 수 있다. 여기서 '터널링'은 터널링 전류를 이용하기 때문에 붙은 명칭이다. 터널링 전류란 탐침과 시료의 거리가 1nm까지 가까워졌을 때, 둘이 접촉하지 않아도 핵력의 퍼텐셜 장벽을 뛰어넘어 전하가 흐르는 양자역학적 터널 효과에 의해 발생하는 전류이다. 주사 터널링 현미경은 이 현상을 이용하여 시료를 나노미터(nm) 단위로 관찰할 수 있다. 터널 효과는 일본의 물리학자 에사키 레오나(1925~)가 1957년에 발명한 터널 다이오드(에사키 다이오드)로 유명하다. 에사키는 터널 효과를 발견하여 1973년에 노벨 물리학상을 받았다.

전자 현미경의 발명으로 바이러스처럼 광학 현미경으로는 볼 수 없었던 수십~수백 nm 크기의 물질을 볼 수 있게 되면서 의학은 눈부신 발전을 이루었다. 그리고 원자 수준의 작은 물질을 관찰할 수 있다는 장점 덕에 최첨단 재료공학 등 공학과 물리학 분야에서도 전자 현미경을 활용한다.

그림 1-27 ·
에른스트 루스카와 전자 현미경

© amanaimages

제지 기술과 인쇄 기술

── 채륜, 구텐베르크

종이, 인쇄 기술, 화약, 나침반의 발명은 과학기술사의 4대 발명으로 불린다. 물론 르네상스 시대까지의 이야기이고, 세상을 바꾼 기술은 그 뒤로도 수없이 등장했다. 어떤 기술들이 등장했는지는 뒤에서 차근차근 다루기로 하고, 이번 장에서는 세계를 중세에서 근대로 이끈 역사적 발명을 소개하고자 한다.

● 종이의 발명

종이는 중국 후한(25~220)의 채륜이 서기 100년에 발명했다. 나무껍질을 뜨거운 물에 삶아서 푼 다음 이를 떠서 얇게 만드는 식이었다. 종이는 채륜이 만들기 전에도 있었다고 전해지지만, 채륜은 이전부터 쓰였던 종이를 얇고 가볍게 개량해 대량으로 생산하는 방법을 고안해냈다.

한편, 유럽에서는 고대 이집트 시대보다 훨씬 전부터 파피루스나 양피지를 사용하다가 12세기 중반 중국에서 종이가 유입되면서 종이를 사용하게 되었다. 종이는 미닫이문에 바르는 장지처럼 건축 자재로 쓰이거나 기록을 담당하는 매체로 쓰이는 등 중요한 역할을 했다. 종이가 발명되자 묵으로 글을 써 기록을 남기거나 사람에게 전할 수 있게 되었다. 나아가 인쇄술이 등장한 뒤로는 종이를 통해 '정보'를 대량으로 생산하고 확산·공유할 수 있게 되면서 잡지, 서적, 신문 등 다양한 형태로 정보가 세상에 널리 퍼졌고, 이는 사회의 동향에 커다란 영향을 미쳤다.

종이가 등장하기 전에 쓰였던 파피루스는 파피루스라는 식물의 섬유를 얇게 펴서 만든 기록 매체로, 종이처럼 뜨는 공정이 없으므로 종이로 분류되지 않는다. 기원전 30세기경 등장했다고 추정되는 파피루스는 관청에서 기록할 때 사용되었다고 한다. 파피루스는 종이를 가리키는 영어 paper의 어원이며, 종이의 기원이 파피루스라는 설도 있다. 그러나 앞에서 설명했다시피 물에 넣고 띄우는 공정이 없으므로 종이와는 조금 다르다. 그리고 식물의 섬유가 촘촘하게 엮이지 않아 조직이 잘 무너진다는 단점도 있었다. 그런 면에서 파피루스에 비해 가볍고 매끄러운 채륜의 종이는 훌륭한 기록 매체로서 민간에 널리 보급될 수 있었다.

● **인쇄술의 발명**

종이는 독일의 기술자 요하네스 구텐베르크(1397~1468)에 의해 활판 인쇄술이 발명되면서 매체로 널리 보급되기 시작했다. 문자를 나타내는 활자를 하나하나 금속 틀에 주조하고 이를 나열하여 문장을 만든 다음 프레스로 종이에 잉크를 찍어내는, 오늘날 인쇄의 기초 기술은 이때 개발되었다. 참고로 오늘날에는 활판 인쇄를 거의 사용하지 않지만, 미술 서적이나 문예 서적처럼 감상이 중요한 책은 여전히 활판 인쇄로 펴내기도 한다.

구텐베르크의 인쇄술이 사회에 미친 가장 큰 영향은 단연코 성서의 보급이다. 인쇄술의 발명으로 성서를 대량으로 찍어내면서 저렴한 가격에 모두가 성서를 살 수 있게 되었기 때문이다. 인쇄된 책은 새로운 지식과 사고방식을 널리 전파하는 힘을 가지고 있었다. 인쇄술의 발명은 오늘날 인터넷과 SNS 같은 디지털 미디어에 필적하는 역사의 전환점이었다.

그림 1-28 · 구텐베르크의 인쇄기

화약과 대포의 발명

— 노벨

● 화약의 발명

화약과 대포의 발명은 역사를 바꾼 대발명이었다. 화약은 주로 무기로 사용되었는데, 포탄 외에 오늘날 로켓과 미사일의 추진제에도 빠지지 않고 들어간다. 화약을 이용한 고성능 무기의 발달은 세상을 뒤바꾸었다. 무기가 세상을 바꾼다는 사실은 매우 안타깝지만, 예나 지금이나 강력한 군사 기술을 보유한 국가가 패권을 쥐는 법이다. 참고로 오늘날에는 폭발할 때의 연소 속도가 음속보다 낮으면 화약, 음속보다 빠르면 폭약으로 구분한다.

화약은 전쟁뿐만 아니라 평화의 목적으로도 쓰였다. 대규모 파괴를 일으키는 다이너마이트 같은 폭약은 토목 공사에 필수가 되었다. 재해를 막는 치수 공사와 댐 건설, 경사면 평탄화 작업 등 토목 공사에 다이너마이트를 사용하면서 효율이 올라 작업 속도가 대폭 빨라졌기 때문이다.

다이너마이트는 잘 알려져 있다시피 1896년에 유언으로 노벨상을 제정한(수여는 1901년부터) 스웨덴의 화학자 알프레드 노벨(1833~1896)이 발명했다.

다이너마이트는 나이트로글리세린을 규조토에 흡수시켜 안전하게 취급할 수 있게 만든 폭약이다. 자신이 개발한 폭약이 전쟁에서 수많은 군인과 시민의 목숨을 앗아간 무기로 쓰이자, 이에 괴로워한 노벨은 다이너마이트로 번 막대한 자산을 기금으로 노벨상을 만들었다.

그렇다면 화약은 언제 발명되었을까? 기원전에 만들어졌다는 설도 있고 6세기에 만들어졌다는 설도 있지만, 최초의 화약에 대한 기록은 중국에서 찾아볼 수 있다. 최초의 화약은 흑색 화약으로, 목탄과 유황과 초석을 일정 비율로 혼합해서 만들었다. 13세기에는 화살에 화약을 달아 추진력을 얻은 오늘날의 로켓포가 처음으로 전쟁에서 사용되었다. 14세기에는 대포가 등장했으며, 15세기에는 최초의 근대 총기인 화승총이 유럽에서 발명되었다.

과학기술의 선구자

―― 다 빈치

● **예술과 과학의 천재**

이탈리아(현 피렌체)에서 태어난 천재 레오나르도 다 빈치(1452~1519)는 회화, 조각, 건축, 토목, 과학 등 폭넓은 분야에서 시대를 뛰어넘은 업적을 남겼다.

다 빈치가 과학 분야에서 흥미를 보인 대상은 무엇이었을까? 『레오나르도 다 빈치의 수첩』 중 과학을 다룬 꼭지를 보면 물, 해부학, 새의 비상, 지질과 화석, 천문, 공기, 힘·운동, 빛, 소리, 불꽃, 수학 순으로 비중이 컸다.

그 밖에 '경험', '자연', '이론과 실천' 등 다른 꼭지에서도 과학에 대한 다 빈치의 생각을 엿볼 수 있다. 관찰과 관측과 실험을 통해 논리적으로 법칙성을 도출해야 한다는 그의 생각은 갈릴레이를 비롯한 후대 과학자들에게 이어졌고, 근대 과학의

그림 1-29·
다 빈치의 자화상

탄생이라는 꽃을 피웠다.

다 빈치는 수첩에 다음과 같은 말을 남겼다.

"나의 의도는 먼저 실험을 제시한 다음 왜 실험이 그러할 수밖에 없는지를 이론으로 증명하는 데 있다. 그리고 이것이야말로 모든 자연 현상을 사유하는 자들이 마땅히 따라야 할 올바른 법칙이다."

이처럼 논리적이고 실증적인 방법을 따랐기에 다 빈치는 당시 사람들이 생각지도 못한 발견과 발명을 이룰 수 있었다.

수첩에 기록된 흥미로운 내용을 조금 더 살펴보자. 다음은 '공기'에 관한 기술이다.

"열을 가하면 가할수록 가벼워지고 식으면 식을수록 무거워진다. 그러나 응축되면 응축될수록 열을 띤다. 그렇다면 이러한 모순이 생긴다. 희박해질수록 그 물질은 열을 잃는다."

공기를 자세히 관찰하지 않았다면 나올 수 없는 설명인데, 오늘날 정리된 공기와 관련된 물리적 원리를 그대로 적었으니 놀라울 따름이다. 공기는 따뜻해질수록 가벼워지는데, 온도가 높아지면 밀도가 낮아지기 때문이다. 온도가 높아져 가벼워진 공기는 위로 올라가는데, 상승 기류와 열기구는 이 원리를 이용한다.

그리고 공기는 응축될수록 온도가 높아지고, 희박해질수록 온도가 낮아진다.

이는 기체의 부피가 압력에 반비례하고 절대온도에 비례한다는 '보일-샤를의 법칙'에 관한 내용이다. 이뿐만 아니라 다 빈치는 상승 기류에서 구름이 만들어지는 원리까지 고찰했다.

공학 분야에서 다 빈치는 날갯짓하는 비행기인 오니숍터와 헬리콥터의 원형에 대한 아이디어를 남겼으며, 새가 날아가는 모습을 자세히 관찰하고 그 원리를 고찰하기도 했다. 한편, 그는 물과 공기 같은 유체에도 깊은 관심을 가졌던 듯하다. 당시 가벼우면서도 튼튼한 재료와 동력이 있었더라면 비행기와 헬리콥터를 만들어냈을지도 모른다.

레오나르도 다 빈치가 살았던 15세기 말은 14세기부터 시작된 르네상스 운동이 한창이었으며, 사람들이 하나님의 권위보다 개인의 생각과 감정을 중시하도록 바뀌던 시대였다.

그런 시대적 배경 속에서 객관적인 관찰과 관측을 바탕으로 논리를 갖춰 과학적 방법을 제시한 다 빈치는 새로운 시대의 막을 연 천재였다.

● **다 빈치가 활약하던 시대의 세계**

당시 일본은 약해진 무로마치 정권하에 100년에 걸친 전국 시대가 열리기 직전이었다. 1543년 일본에 전파된 대포는 전쟁의 판도를 한순간에 뒤바꾸었다. 한편, 전국 시대에 재해와 기근이 잦았다는 점도 짚고 넘어가야 한다. 사회에 불안이 감돌면서 사회 체제가 바뀌길 바라는 사람들의 열망이 강해지던 와중, 재해를 계기로 변혁이 일어나게 되었다. 그러므로 레오나르도 다 빈치는 전 세계적으로 새로운 시대의 흐름이 만들어지기 시작한 시대에 활약한 인물이라고 할 수 있다.

서양에서는 대항해 시대가 열리면서 한 번도 본 적이 없었던 아프리카, 아메리카, 아시아의 문물이 유럽으로 흘러들어왔다. 전 세계가 중세에서 벗어나 근대로 접어들고 있었다.

진공의 발견, 기체의 과학

—— 토리첼리, 게리케, 보일

● **자연은 진공을 싫어한다**

현대인이 알고 있는 진공은 공기가 없는 상태이다. 그러나 최신 양자역학에 따르면 진공은 물질도 시간도 공간도 존재하지 않으며, 미시 입자가 만들어졌다가(쌍생성) 사라지는(쌍소멸) 영역이다.

일단 여기서는 고전적인 진공만 다루기로 하자. 고대 그리스의 철학자들은 아무것도 존재하지 않는 진공이라는 상태를 상상하기 힘들었던 모양이다. 기원전 4세기의 철학자 아리스토텔레스는 "자연은 진공을 싫어한다"라고 주장했다. 이후 그의 주장은 오랫동안 서양 과학을 지배하다가 17세기가 되어서야 이탈리아의 물리학자 에반젤리스타 토리첼리(1608~1647)에 의해 논파되었다.

토리첼리는 당시 우물의 깊이가 10m보다 깊으면 물을 퍼 올리지 못하는 문제를 해결하려 했다. 그는 대기압, 즉 공기의 압력이 물을 밀어 올리는 한계가 10m라고 생각했고, 비중이 13.6이어서 물보다 약 14배 무거운 수은을 실험에 사용했다. 1m 짜리 유리관에 수은을 채운 다음 수은을 가득 채운 용기에 유리관을 거꾸로 꽂자 수은 기둥의 높이는 점점 낮아지다가 약 760mm 위치에 멈췄다. 즉, 이 높이가 대기압의 크기였다. 그리고 유리관 위쪽 공간은 진공 상태였다.

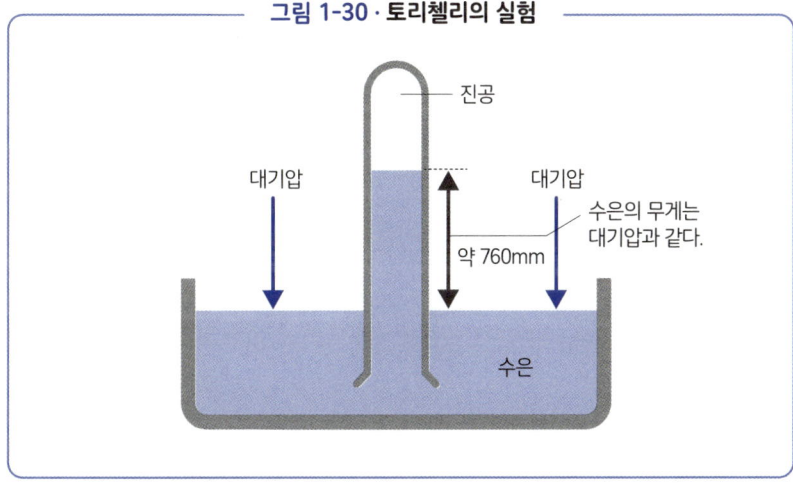

그림 1-30 · 토리첼리의 실험

● 최초의 기압계

수은 기둥의 높이는 기압을 나타내는데, 토리첼리는 이 높이가 날마다 달라진다는 사실을 깨달았다(1643). 그는 기압의 변화를 발견한 최초의 과학자였다.

이후 1648년, 프랑스의 과학자이자 철학자인 블레즈 파스칼(1623~1662)은 프랑스 중부에 있는 퓌 드 돔 산(표고 1,464m)의 기슭에서부터 정상까지 오르며 토리첼리의 기압계로 고도에 따른 기압의 차이를 측정했고, 고도가 높을수록 기압이 낮아진다는 사실을 발견했다.

17세기는 진공이라는 개념이 사람들에게 알려지기 시작한 시대이기도 했다. 그 유명한 마그데부르크 반구 실험(1657)도 이 당시 진행되었다. 독일 마그데부르크시 시장이자 과학자였던 오토 폰 게리케(1602~1686)는, 의회 청사 앞에서 지름 약 50cm짜리(크기에 대해서는 다양한 설이 있다) 금속 반구를 2개 붙여 내부를 진공으로 만든 구체를 말이 양쪽에서 잡아당겨도 분리되지 않음을 증명했다. 이는 대기압이라는 눈에 보이지 않는 개념을 대중에게 보여준 획기적인 실험이었다.

대기에는 압력이 존재하며 위로 갈수록 압력이 낮아진다. 그리고 용기에서 공기를 빼면 내부는 진공 상태가 되며, 용기는 대기의 압력에 눌린다. 기압의 성질은 이렇게

그림 1-31 · 마그데부르크의 반구 실험

밝혀졌다. 참고로 대기압은 지표 1m²당 약 10톤이다.

이들의 발견과 발명과 도전 정신에 경의를 표하는 의미에서 기압을 비롯한 압력의 단위에 토르(Torr), 파스칼(Pa)이라는 이름이 붙었다. 이후로도 공기의 압력에 관한 연구는 계속되었고, 로버트 보일(1627~1691)과 자크 샤를(1746~1823)이 발견한 새로운 법칙의 바탕이 되었다.

앞에서 소개한 과학사의 대발견 외에도 기술사를 다룰 때 빠져서는 안 될 발명이 있다. 바로 인공적으로 진공을 만드는 진공 펌프이다. 진공 펌프는 앞에서 소개한 게리케가 1650년에 발명했다.

진공의 발견과 이를 이용한 기술의 개발은 근현대 물리학의 발전으로 이어졌다. 유리관 내부를 진공으로 만들고 내부 전극에 높은 전압을 걸면 방전 현상이 일어나면서 빛과 다양한 물질을 내뿜는다. X선은 진공 방전을 통해 발견된 대표적인 사례이다.

그림 1-32 · 게리케의 진공 펌프

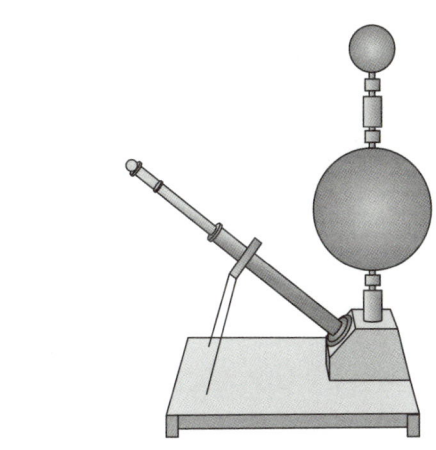

물을 빨아들여 분사하는 소방용 펌프를 개량하여 공기를 빨아들이는 진공 펌프를 만들었다.

빛의 과학적 고찰: 입자인가 파동인가

―― 뉴턴, 하위헌스

● **수수께끼의 빛**

빛은 불가사의한 존재이다. 빛은 진공일 때 약 299,792,458m/s, 즉 1초에 약 30만 km를 이동하는데, 이보다 빠르게 움직이는 물질은 우리 우주에 존재하지 않는다. 입자물리학의 정설인 표준 모형에 따르면 빛의 정체는 기본 입자 중에서도 보손(보스 입자)으로 분류되는 광자(photon)이며, 질량은 0이다. 보손은 기본 입자 사이의 힘을 매개하는 입자로, 광자 외에도 W/Z 보손과 글루온 등이 있다. 광자는 에너지를 잃지 않고 광속으로 우주 끝까지 이동할 수 있다. 중력이 존재하면 공간이 왜곡되는데, 빛은 왜곡된 공간을 따라 똑바로 최단 거리로 나아간다. 그리고 서로 다른 물질 사이를 나아갈 때는 굴절하면서 경로가 바뀐다. 이는 밀도가 높은 물질 사이로 빛이 들어가면 속도가 약간 느려지기 때문이다. 빛의 정체는 여전히 베일에 싸여 있지만, 빛에 의해 발생하는 다양한 현상을 관측하면서 빛의 성질은 하나둘 밝혀지고 있다.

● **빛을 둘러싼 논쟁**

빛은 입자일까, 아니면 파동일까? 이 주제를 두고 대립한 최초의 과학자는 뉴턴, 하위헌스, 훅이었다. 하위헌스와 훅은 빛이 파동이라는 파동설을 주장했지만, 뉴턴은 프리즘을 통과한 햇빛이 7가지 색으로 나뉘는 현상을 보고 빛의 정체가 입자여야 이치에 맞는다고 주장했다. 이 논쟁은 19세기 말~20세기 초에 결론에 도달했다.

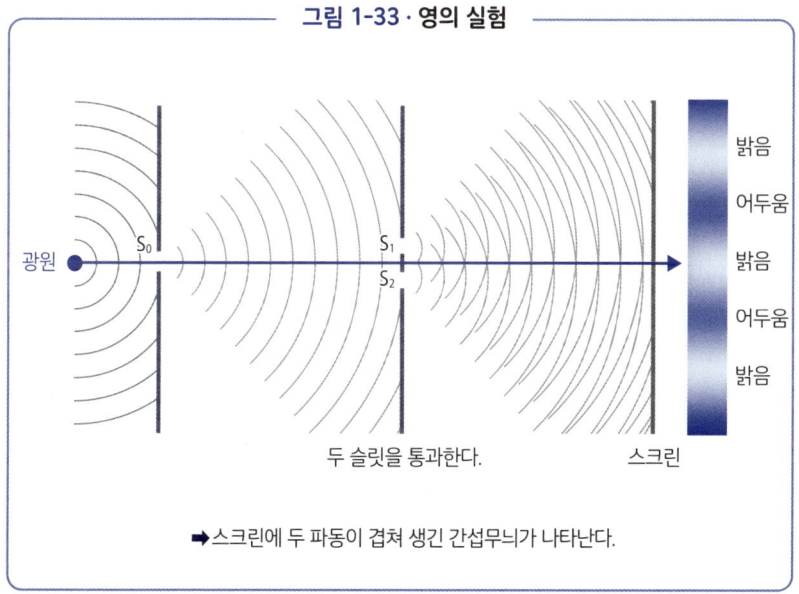

그림 1-33 · 영의 실험

→ 스크린에 두 파동이 겹쳐 생긴 간섭무늬가 나타난다.

19세기 초, 영국의 과학자 토머스 영(1773~1829)과 프랑스의 과학자 오귀스탱 장 프레넬(1788~1827)은 빛이 파동임을 증명했다. 파동의 마루와 골이 어긋나서 만들어지는 줄무늬를 간섭무늬라고 하는데, 영은 빛이 두 틈새를 통과할 때 스크린에 간섭무늬가 생기는 현상을 보고 빛에 파동성이 있다고 생각했다. 이것이 1805년에 시행된 영의 실험이다.

영은 물체의 탄성률을 나타내는 탄성계수(영률)를 발견한 인물로도 유명하다. 고체에 가해진 응력과 왜곡은 일정 범위 내에서 비례하며 왜곡의 값은 물질마다 다르다는 법칙이다.

프레넬 렌즈라는 평면형 렌즈를 발명한 프레넬 역시 빛이 서로 간섭한다는 사실을 증명하여 빛의 파동설을 주장했다. 프레넬 렌즈는 루페와 등대의 투광기에 들어가는 렌즈로 오늘날에도 쓰이고 있다.

이처럼 당시에는 빛이 파동이라는 파동설이 주류였다. 그러나 1887년, 독일의 물리학자 하인리히 헤르츠(1857~1894)가 금속판에 빛을 비췄을 때 전자가 튀어나오는 광전 효과를 발견했다. 그리고 1905년에는 아인슈타인이 광양자 가설 논문을 발표하면서 입자설이 다시 힘을 얻게 되었다. 헤르츠는 빛이 전자기파임을 증명한 과학자이기도 하다. 빛이 파동인지 입자인지에 관한 논쟁은 20세기 입자물리학과 양자물리학으로 이어졌다.

1905년에 아인슈타인이 발표한 광양자 가설은 양자역학의 문을 연 위대한 발견이다. 1921년, 아인슈타인은 광전 효과를 발견한 공로로 노벨 물리학상을 받았다. 양자역학의 입구에 발을 들인 발견이었지만, 아인슈타인은 양자역학에 부자연스러움을 느끼고 그리 내켜 하지 않았다고 한다.

19세기 말~20세기 초는 핵물리학, 입자물리학, 양자역학 등 20세기의 물리학이 빠르게 발전할 기초를 이루는 발견이 이어진 중요한 시대였다.

빛의 속도를 측정하다

—— 뢰메르

● 빛을 둘러싼 논쟁

빛의 속도는 뉴턴이 활약한 17세기 후반까지도 수수께끼로 남아 있었다. 음속(15℃에서 약 340m/s)은 일찍이 밝혀졌다. 소리가 전달되는 속도는 대포처럼 굉음과 불꽃을 튀기는 물체만 있으면 구할 수 있다. 발사 직후부터 소리가 들리기까지의 시간을 측정하면 되기 때문이다. 여러 과학자가 음속을 측정했고, 그 결과 18세기 후반에는 소리가 약 330m/s로 이동한다는 사실이 밝혀졌다. 이와 반대로 빛은 너무나도 빠른 나머지 속도가 무한하다는 설마저 나올 정도였다.

그런 상황 속에서 17세기의 과학자들은 광속을 구하기 위해 다양한 실험을 진행했다. 갈릴레이도 그중 한 사람이었다. 서로 1마일(약 1.6km) 떨어진 두 지점 A와 B에 사람이 램프를 들고, A 지점에서 불이 켜진 램프의 뚜껑을 열면 B 지점에서 빛을 확인한 다음 똑같이 램프의 뚜껑을 열어 빛을 비추는 실험이었다. 두 사람이 램프의 빛을 확인한 시간의 차이를 통해 광속을 측정하는 것이 목적이었지만, 겨우 1마일밖에 안 되는 짧은 거리로는 빛의 빠르기를 측정할 수 없었다.

● 광속 측정의 역사

1676년, 덴마크의 천문학자 올레 뢰메르(1644~1710)는 목성의 위성을 관측하고 위성의 '식', 즉 위성이 목성 뒤로 가려지는 현상이 일어나는 시각이 지구와 목성의 거

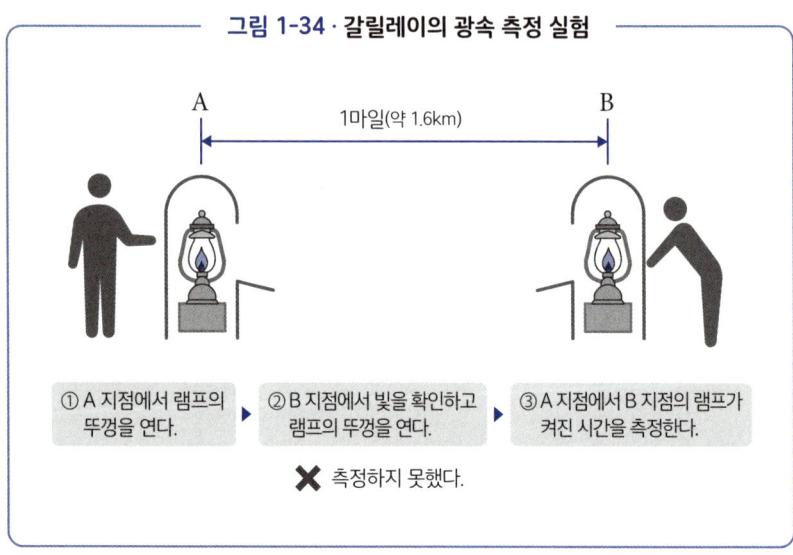

리(지구의 공전 궤도상 위치에 따라 달라지는 거리)에 따라 조금씩 다르다는 사실을 깨달았다. 그리고 그 차이를 통해 광속을 약 22만 5,000km/s로 추정했다. 실제로 광속은 약 30만 km/s이므로 뢰메르는 매우 근접한 값을 구한 셈이다. 정확한 수치는 아니었지만, 빛의 속도가 유한하다는 사실을 알아냈다는 것만으로도 대단한 성과였다.

1849년에는 프랑스의 물리학자 이폴리트 피조(1819~1896)가 회전하는 톱니바퀴를 사용한 실험으로 빛의 속도를 구하는 데 성공했다. 한쪽은 빛을 반사하고 다른 쪽은 빛을 투과시키는 단방향 거울로 광원에서 직진한 빛을 반사하여 회전하는 톱니바퀴 사이로 통과시키는데, 약 9km 떨어진 거울에 반사하여 돌아온 빛은 톱니바퀴가 회전할 때마다 막혀서 보이지 않는다. 즉, 톱니바퀴의 회전수와 톱니 수를 알면 빛이 반사경까지 왕복한 거리를 통해 빛의 속도를 구할 수 있다. 피조의 실험에서 톱니바퀴와 반사경 사이의 거리는 8,633m, 톱니 수는 720개, 톱니바퀴의 회전수는 초당 12.6회였다. 이렇게 구한 빛의 속도는 31만 3,000km/s로, 오늘날 밝혀진 빛의 속도와 매우 유사했다.

1862년에는 프랑스의 물리학자 레옹 푸코(1819~1868)가 회전하는 거울을 사용한

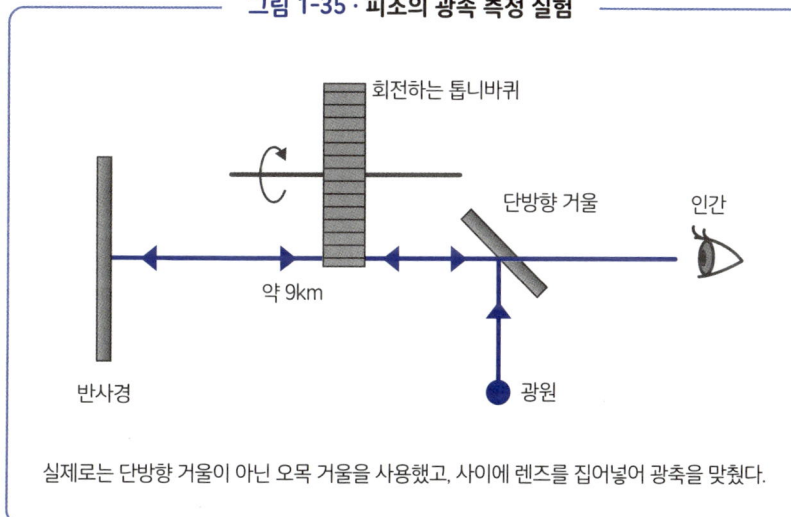

그림 1-35 · 피조의 광속 측정 실험

실험으로 광속을 측정했다. 거울까지의 거리는 피조의 실험보다 짧은 20m였다. 거듭 실험한 결과, 푸코는 빛의 속도가 약 29만 8,000km/s라는 결론에 이르렀다. 그는 물속에서도 빛의 속도를 측정했는데, 물속에서는 공기 중에서보다 빛의 속도가 느렸다. 참고로 푸코는 지구의 자전을 증명하기 위해 고안한 푸코의 진자 실험으로도 유명하다. 시간이 흐르면서 더욱 정확한 광속의 값이 필요해졌고, 1926년 미국의 물리학자 앨버트 마이컬슨(1852~1931)은 자신이 발명한 마이컬슨 간섭계로 29만 9,796km/s라는 값을 구했다.

오늘날 진공 상태에서 빛의 속도는 2.99792458×10^8m/s이다. 빛의 속도는 길이의 단위(기호: m)를 정의할 때도 쓰인다. 1983년 국제도량형위원회에서는 1m를 '빛이 진공에서 2억 9,979만 2,458분의 1초 동안 이동한 거리'로 정의했다.

에테르는 존재하지 않았다

—— 마이컬슨, 몰리

19세기 중반에는 빛이 파동인가 입자인가에 대한 논쟁에서 파동설이 우세했다. 그러나 당시 과학자들은 빛이 파동이라면 이를 전달하는 매질이 필요하다고 생각했고, 빛을 전달하는 가상의 매질에 '에테르'라는 이름을 붙였다. 헤르츠와 맥스웰에 의해 빛이 전자기파의 일종이며 전자기파는 전달될 때 매질이 필요하지 않다는 사실이 밝혀졌으나, 과학자들은 에테르의 존재 자체를 과학적으로 부정하지는 못했다.

아마 당시 에테르 따위 존재하지 않는다고 생각하는 과학자들은 많았을 터이다. 우주에서 절대로 움직이지 않고, 온 우주에 두루 존재하는 매질이란 어떤 물질일까? 질량이 있다면 터무니없이 크지 않을까?

● **빛의 빠르기를 측정한 역사**

미국의 물리학자 앨버트 마이컬슨(1852~1931)과 에드워드 몰리(1838~1923)는 이 문제에 도전하기로 했다. 두 사람은 1887년, '마이컬슨-몰리 실험'으로 유명한 실험을 진행했다. 빛의 간섭무늬를 통해 광속의 미묘한 차이를 측정하는 간섭계를 사용한 실험이었다. 그들은 만약 에테르가 존재한다고 가정했을 때, 지구가 자전과 공전을 하면서 우주에서 움직일 경우 에테르가 일으킨 '바람'이 한 방향으로 분다면 에테르의 속도가 지구의 운동 방향에 따라 달라진다고 생각했다. 마이컬슨과 몰리는 다양한 방향에서 들어오는 빛의 속도를 간섭계로 측정했다. 실험 결과, 빛의 속도는 방향

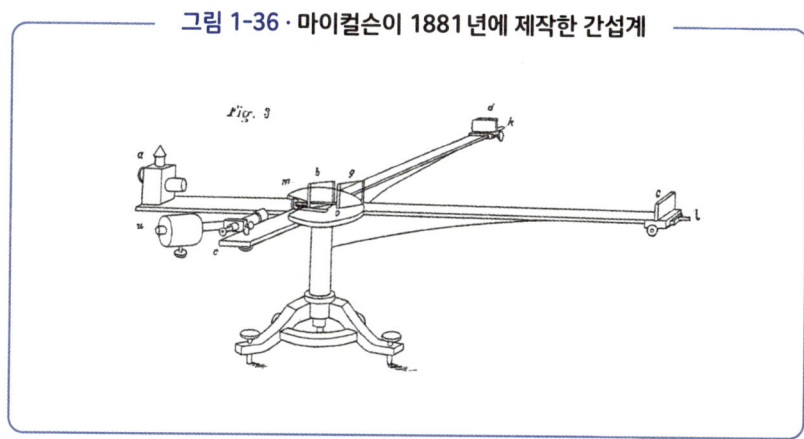

그림 1-36 · 마이컬슨이 1881년에 제작한 간섭계

에 상관없이 항상 같았다. 이 실험을 통해 에테르가 존재하지 않는다는 사실이 확실해졌다.

이 실험은 아인슈타인이 1905년에 발표한 특수 상대성 이론 중 광속 불변의 원리를 뒷받침하는 근거가 되었다. 마이컬슨은 이 업적으로 1907년 노벨 물리학상을 받았다.

정밀한 간섭계를 사용한 마이컬슨과 몰리의 실험은 오늘날 우주에서 발생한 중력파를 검출하는 연구에 응용되었다.

1장
연표(13~17세기)

과학기술의 역사

13세기	13세기	화약 추진식 로켓포 발명.
15세기	1450년경	구텐베르크, 활판 인쇄술 발명.
16세기	1543년	코페르니쿠스, 『천체의 회전에 관하여』 집필.
	1569년	메르카토르, 메르카토르 도법 발명.
	16세기 후반	길버트, 정전기 연구.
	1589년	갈릴레이, 피사의 사탑 실험.
	1590년경	얀센 부자, 현미경 발명.
17세기	1600년경	브라헤, 맨눈으로 관찰한 천체의 목록 작성.
	1608년	리퍼세이, 망원경 발명.
	1609년	갈릴레이, 본인이 만든 망원경으로 달의 크레이터와 목성의 위성 발견.
	1609년	케플러의 법칙(제1 법칙, 제2 법칙) 발표.
	1619년	케플러의 법칙(제3 법칙) 발표.
	1632년	갈릴레이, 『대화』를 집필하여 지동설 주장.
	1637년	데카르트, 『방법서설』을 집필하여 개인의 자아가 각성하는 계기 마련.
	1643년	토리첼리, 진공 발견.
	1650년경	게리케, 진공 펌프 발명.
	1657년	게리케, 마그데부르크 반구 실험.
	1665년경	뉴턴, 만유인력·광학 이론·미적분 발견.
	1665년	훅, 현미경으로 세포 발견. 『마이크로그라피아』 집필.
	1684년	라이프니츠, 미적분 제시.
	1687년	뉴턴, 『프린키피아』 집필.
	1690년	하위헌스, 빛의 파동설 주장.
	1700년경	뉴턴, 빛의 입자설 주장.

세계의 주요 사건

15세기	15세기 전반	유럽, 최초로 화승총 발명.
	1492년	콜럼버스, 아메리카 대륙 발견.
	1498년	다 가마, 인도 항로 발견.
16세기	1503년	다 빈치, 「모나리자」 완성.
	1508년	미켈란젤로, 시스티나 대성당 천장화 작업 착수.
	1513년	발보아, 태평양 발견.
	1517년	루터, 종교 개혁 추진.
	1519년	마젤란, 세계 일주를 향한 항해 시작.
	1588년	영국 해군, 스페인 무적함대를 상대로 승리.

제1장 근대 과학의 시작 - 16세기부터 17세기까지

산업혁명과
사회의 변혁

18세기

새로운 동력, 증기기관

—— 뉴커먼, 와트

● **상하 운동을 회전 운동으로 변환하는 장치**

18세기 후반에 시작된 영국의 산업혁명은 사회에 변혁을 불러왔다. 증기기관이라는 새로운 동력원의 등장으로 공업 기술이 눈부시게 발전하고 생산성까지 향상되었기 때문이다. 증기기관은 열에너지를 기계적인 에너지로 바꾸는 장치이다. 석탄을 태워서 얻은 에너지로 보일러에서 물을 끓이고, 만들어진 고온의 증기를 피스톤으로 보내 왕복 운동으로 바꾼 힘을 축의 회전 운동으로 변환하는 원리를 활용한다. 회전하는 힘으로 변환할 수 있게 되면서 응용 범위가 매우 넓어졌다.

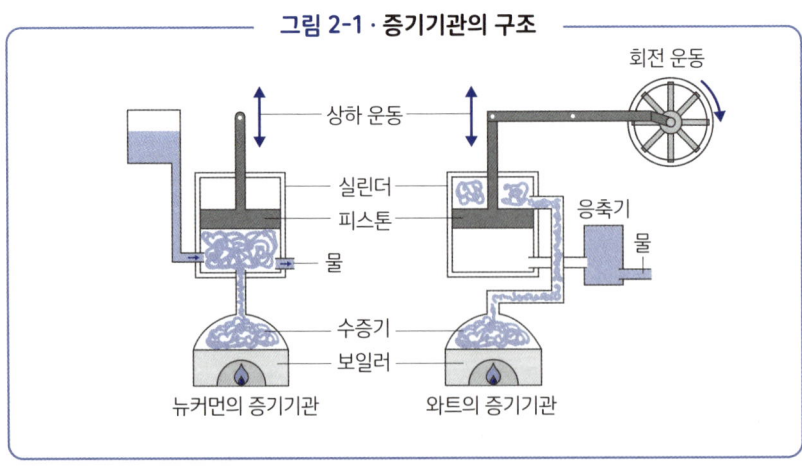

그림 2-1 · 증기기관의 구조

최초의 증기기관은 18세기 초, 영국의 기술자 토머스 뉴커먼(1663~1729)의 손에 탄생했다. 이 증기기관은 증기가 들어오고 나가는 실린더에 직접 물을 주입하여 냉각하는 방식 때문에 열효율이 낮다는 단점이 있었다. 1776년, 영국의 제임스 와트(1736~1819)는 실린더에 직접 물을 분사하는 대신 외부에 응축기를 설치하여 물을 냉각하도록 뉴커먼의 증기기관을 개량했다. 그로써 효율이 크게 향상된 증기기관은 면직물 공업과 제철 산업을 비롯하여 수많은 산업에 도입되었다.

 증기기관은 철도에도 이용되었다. 1804년에는 영국의 기술자 리처드 트레비식(1771~1833)이 최초의 증기기관차를 발명했다. 그리고 조지 스티븐슨(1781~1848)이 1825년에 발명한 증기기관차 로코모션 1호가 1830년부터 상업 운전을 시작했다. 증기기관은 제조업의 판도를 바꾸었을 뿐만 아니라 공장에서 만든 제품을 유통하고 원재료를 대량으로 수송하는 운송업과 교통 분야에서도 영향을 발휘했다.

 해상 교통에서도 증기기관이 탑재된 증기선이 등장했다. 1870년대에는 프랑스와 미국에서 증기선을 제조하기 시작했다. 상업 운항에 나선 최초의 증기선은 미국의 공학자 로버트 풀턴(1765~1815)이 1807년에 건조한 클레르몽호이다. 1819년에는 증기선으로 대서양을 횡단했으며, 1853년에는 매튜 페리 제독이 이끄는 쿠로후네 함대가 당시 쇄국 중이던 일본에 입항하는 사건도 있었다. 증기선의 발명은 상업뿐만 아니라 군사 기술의 판도까지 바꿨다. 기술은 한번 흐름을 타자 가속하듯이 발전해나갔다.

● **자본주의를 이끈 증기기관**

증기기관의 발명은 전기의 발명과 함께 사회에 큰 변화를 불러온 주역이었다. 공식적인 구분은 아니지만, 증기기관의 발명을 계기로 시작된 사회 구조와 산업 기술의 변화를 '제1차 산업혁명'이라고 한다. 이어서 19세기 말부터 20세기 초에 걸쳐 전기 에너지의 활용이 가져온 변화를 '제2차 산업혁명', 그리고 20세기 중반에 등장한 컴퓨터 소프트웨어와 정보 기술의 발달이 이끈 변화를 '제3차 산업혁명'이라고 한다.

그림 2-2 · 쿠로후네 함대

기술이 발전하면서 사회 구조도 바뀌었다. 증기기관으로 생산성이 향상되자 자본가에게 부가 집중되었고, 자본가와 노동자의 대립 구도가 형성되었다. 산업혁명을 계기로 본격적인 자본주의의 시대가 열렸다고도 할 수 있다. 공장에서 일할 노동자가 매우 많이 필요해지자 지방에서 농사를 짓던 젊은이들이 대거 도시로 몰렸고, 결과적으로 한 지역에 정착하지 않은 노동자, 특히 청년 노동자가 급증했다. 이는 부정적인 현상이 아니었다. 오히려 소비가 활발해지면서 경제가 발전했다. 그러나 자본가가 이윤을 독점하려 하면서 노동 환경이 열악해졌고, 치안마저 나빠졌다. 현대 사회가 끌어안고 있는 문제의 대다수가 이때 생겼다고 해도 과언이 아니다.

영국에서 시작된 산업혁명은 유럽 각국으로 퍼졌다. 그리고 시대의 흐름과 함께 중심 산업도 섬유 산업 같은 경공업에서 제철 산업을 비롯한 중공업으로 옮겨갔다. 일본 역시 1860년대 메이지 유신 시대에 유럽에서 일어난 산업혁명의 영향을 받았는데, 메이지 정부는 식산흥업(생산을 늘리고 산업을 일으킨다는 뜻. 메이지 정부가 주도한 산업화

정책을 가리킨다.-옮긴이)과 부국강병을 기치로 내세워 산업 발전에 힘을 쏟았다. 영국에서 산업혁명이 일어난 지 100년이 지나서야 뒤늦게 근대화가 시작된 셈이니, 당시 메이지 정부는 시대에 뒤처졌다는 생각에 상당히 초조해했을지도 모른다.

20 온도계의 발명

—— 파렌하이트, 셀시우스, 켈빈

● 온도 눈금의 발명

일기 예보를 보면 매일같이 예상 최저 기온과 최고 기온이 나온다. 이처럼 온도(기온)는 우리 주변에서 쉽게 접할 수 있고 친숙한 개념이다. 특히 농작물을 키우거나 건강을 관리할 때는 반드시 온도를 신경 써야 한다.

온도계는 언제, 누가 발명했을까? 물질의 따뜻함과 차가움을 나타내는 척도인 온도는 고대 그리스 시대에도 이미 관심의 대상이었지만, 그 따뜻한 정도를 정확히 측정할 수 있게 되기까지는 오랜 시간이 필요했다.

17세기 중반~후반의 과학자인 하위헌스와 뉴턴은 온도 눈금을 고찰했다. 근대 과학이 발달하면서 과학자들은 자연스레 온도를 정확하게

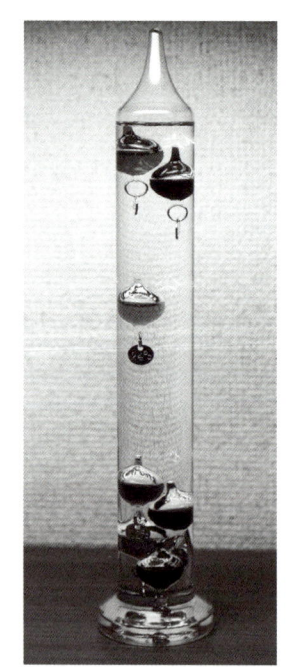

그림 2-3 · 갈릴레이의 온도계

© Hustvedt

측정하는 방법에 관심을 보였다. 1600년 전후에는 갈릴레오 갈릴레이가 유리관에 물을 넣고 공기의 팽창을 통해 온도의 변화를 측정하는 장치를 만들었다. 뉴턴과 하위헌스 역시 온도를 측정하기 위해 다양한 시도를 했지만, 정확한 온도를 정의하지는 못했다.

온도를 정확하게 측정하는 세계 최초의 온도계를 발명한 인물은 스웨덴의 천문학자 안데르스 셀시우스(1701~1744)였다. 1742년, 그는 물의 어는점을 0°C, 끓는점을 100°C로 정의하고 구간을 100등분 한 온도 눈금을 발표했다. 처음에는 어는점이 100°C, 끓는점이 0°C였으나 얼마 지나지 않아 지금처럼 바뀌었고, 이는 오늘날 섭씨온도 눈금의 시초가 되었다. '섭씨'는 셀시우스를 중국어로 음차한 표기에서 따온 명칭이다.

섭씨와 함께 오늘날 널리 쓰이는 온도 단위인 화씨는 독일의 물리학자 다니엘 가브리엘 파렌하이트(1686~1736)가 1724년에 고안했다. 물의 어는점을 32°F, 끓는점을 212°F로 정의한 파렌하이트의 온도 눈금은 그의 중국어 음차 표기에서 따 '화씨'가 되었다. 아시아에서는 거의 쓰지 않지만, 미국에서는 오늘날에도 화씨를 일상에서 온도 단위로 사용하고 있다.

● **절대온도 켈빈**

섭씨와 화씨 외에도 물리학을 비롯한 과학 분야에 주로 쓰이는 또 다른 온도 단위가 있다. 바로 '켈빈(기호: K)'이다. 0K은 절대 영도(-273.15°C)에 해당하며, 섭씨온도와 온도 눈금의 간격이 같다. 절대 영도란 이보다 낮아질 수 없는 온도이자 물질이 가질 수 있는 최저 에너지 상태의 온도이다. 국제단위계 SI에서 온도의 단위는 켈빈으로 정해졌고, 섭씨온도는 켈빈에 273.15를 뺀 값이 되었다.

켈빈(K)을 고안한 인물은 영국의 물리학자 윌리엄 톰슨, 통칭 켈빈 경(1824~1907, 물리학에서 이룬 업적을 인정받아 1892년에 남작 작위를 받았다)이다. 켈빈 경은 절대온도 켈빈의 중요성을 주장했다.

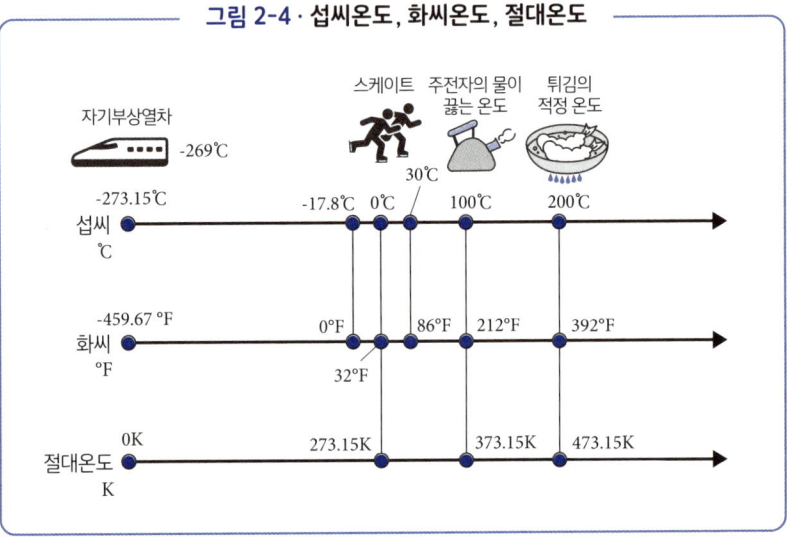

그림 2-4 · 섭씨온도, 화씨온도, 절대온도

절대 영도는 열역학적으로 에너지가 가장 낮은 상태이다. 흥미롭게도 저온에는 절대 영도라는 한계점이 존재하지만, 고온에는 한계가 없다. 우리 우주의 최고 온도는 138억 년 전 빅뱅 당시 기록한 수천 조℃ 이상인데, 이보다 높은 온도가 존재할지 지금으로서는 알 수 없다.

최초의 온도계는 가느다란 유리관에 염료를 탄 물이나 연료를 넣어 온도가 높아지면 액체의 부피가 커지고, 온도가 낮아지면 부피가 낮아지는 원리를 이용했다. 액체 온도계 외에도 붙어 있는 서로 다른 금속이 온도에 따라 팽창률의 차이로 휘는 원리를 이용한 바이메탈 온도계, 온도에 따라 기전력이 서로 다른 열전기쌍을 이용한 온도계, 그리고 최근에는 대상에 가까이 대기만 해도 온도를 잴 수 있는 비접촉식 온도계도 있다. 비접촉식 온도계는 대상에서 나오는 적외선의 세기를 센서로 측정하여 온도로 환산한다.

전기의 발견 ①

───── 프랭클린, 갈바니, 볼타

● **탈레스의 정전기**

전기 에너지는 인류의 생활에 엄청난 변화를 가져왔다. 역사상 가장 큰 변화라고 해도 과언이 아니다.

인류 최초로 전기의 존재를 발견한 인물은 고대 그리스의 탈레스(B.C. 624?~B.C. 548)이다. 호박을 천으로 문지르면 미세한 먼지 같은 것이 달라붙은 현상을 보고 전기의 존재를 발견했다고 한다. 그가 발견한 현상은 정전기였다. 이후 어떤 물질을 문지르느냐에 따라 정전기가 일어날 수도 있고 일어나지 않을 수도 있다는 사실이 알려졌지만, 그 정체가 무엇인지까지는 밝혀지지 않았다.

16세기 영국의 물리학자 윌리엄 길버트(1544~1603)는 정전기를 연구하여 마찰했을 때 전기를 띠는 물질과 전기를 띠지 않는 물질이 있다는 사실을 발견했다.

18세기 유럽에서는 서로 다른 두 물질을 손잡이로 회전시켜 마찰로 정전기를 일으키고, 이를 금속 막대 끝으로 방전시키는 쇼가 등장했다. 1776년, 일본에서는 히라가 겐나이가 마찰로 정전기를 일으켜 방전시키는 장치인 에레키테루(57쪽)를 완성했다. 히라가는 당시 교역을 하던 네덜란드에서 에레키테루를 입수했고, 직접 장치를 수리해서 사람들에게 정전기에 의한 방전 현상을 선보였다고 한다. 당시 일본은 쇄국 상태였지만, 유럽 못지않게 전기에 관한 지식을 많이 축적했다. 그러나 당시 사람들은 이 전기가 조명과 동력은 물론 컴퓨터를 작동하는 에너지로까지 쓰이리라고 상상조차 하지 못했다.

1752년, 벤저민 프랭클린은 천둥 번개가 치는 날 연을 날려 번개의 전기를 라이덴병에 담는 데 성공했다. 라이덴병은 네덜란드 라이덴대학의 피터 반 뮈센브루크(1692~1761)가 1746년에 발명했는데, 유리병 안쪽과 바깥쪽에 금속박을 둘러 두 장의 금속박 사이에 전기를 담을 수 있었다. 오늘날 전자 부품으로 쓰이는 콘덴서와 같은 원리이다.

● 개구리 다리에서 출발한 전지의 발명

이탈리아의 과학자 루이지 갈바니(1737~1798)는 해부한 개구리의 다리에 전류를 흘리면 다리가 움직이는 현상, 그리고 다리와 몸통에 서로 다른 전극(구리철사와 철 핀셋)을 갖다 대면 다리가 움직이는 현상을 1786년에서 1791년까지 5년에 걸쳐 연구했다. 갈바니는 처음에는 동물이 전기를 발생시킨다고 생각하고 이를 '동물 전기'라고 불렀으나, 이후 서로 다른 금속에 의해 전기가 발생한다는 사실을 깨달았다. 개구리 다리의 역할은 전해질이었다.

1789년에 갈바니가 발견한 현상에서 힌트를 얻은 알레산드로 볼타(1745~1827)는 볼타 전지를 발명했다. 갈바니는 개구리의 몸통에 전기가 흐른다고 생각했지만, 오늘날에는 근육과 신경계가 화학 물질을 매개로 전기 신호를 받아 움직인다는 사실이 알려졌다. 갈바니의 발견은 생리학과 의학의 발전에도 이바지한 업적이었다.

이탈리아의 물리학자 알레산드로 볼타는 개구리 다리가 전기 자극을 받으면 움직이는 현상에서 영감을 얻어 전기가 발생하는 원리를 연구했고, 1800년에는 최초의 전지인 볼타 전지를 발명하는 데 성공했다. 볼타 전지는 아연과 구리로 만든 전극과 전해액으로 쓰이는 묽은 황산으로 구성되어 있다. 아연판이 묽은 황산에 녹으면 전자가 방출되고, 아연판에 도선을 연결하면 전자가 음극(아연판)에서 양극(구리판)으로 이동한다. 볼타 전지의 전압은 약 1V였는데, 볼타는 묽은 황산을 적신 천을 아연판과 구리판 사이에 끼워 넣고 이를 쌓아 올려 볼타 파일을 만들었다. 전지 셀을 직렬

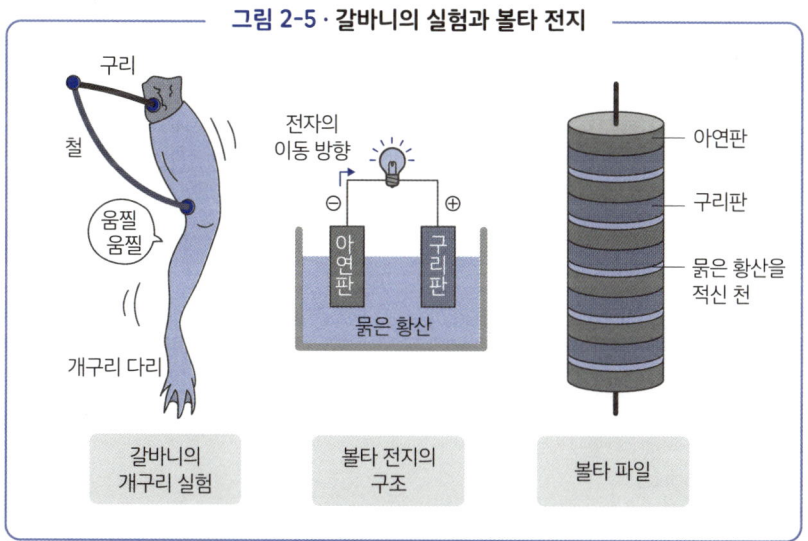

그림 2-5 · 갈바니의 실험과 볼타 전지

로 연결하면 전압을 올릴 수 있다는 사실을 깨달았기 때문이다. 전압의 단위 V(볼트)는 알레산드로 볼타의 이름을 따서 지어졌다.

볼타 전지의 등장으로 인류는 전기를 상황에 맞게 자유자재로 사용할 수 있게 되었다. 이는 후대 물리학과 생명과학의 발전에 크나큰 영향을 미쳤다.

볼타 전지는 금방 열화되었기에 실용적이지는 않았다. 1836년, 영국의 화학자 존 프레더릭 대니얼(1790~1845)은 이를 개량한 대니얼 전지를 고안했다. 전해액으로 두 종류의 물질을 사용하여 수명이 짧다는 볼타 전지의 단점을 개선한 대니얼 전지는 긴 시간 동안 안정적으로 사용할 수 있었다.

볼타 전지와 대니얼 전지는 모두 수용액 또는 수용액을 적신 천을 사용했기에 취급이 번거로웠다. 이를 개선하기 위해 전해질을 고체로 만든 전지가 발명되었다. 1866년, 프랑스의 조르주 르클랑셰(1839~1882)가 발명한 이 전지는 오늘날의 망가니즈 건전지와 거의 흡사했다. 르클랑셰 전지는 사용이 간편하다는 장점 덕에 빠르게 대중에게 보급되었다. 내부가 습하지 않아 '건전지'라고 부른다.

볼타 전지가 1800년에, 대니얼 전지가 1836년에, 르클랑셰 건전지가 1866년에 등장한 데 이어 19세기 후반에 대량 생산으로 이어졌으니 관련 기술이 얼마나 빠르게 발달했는지 알 수 있다. 그만큼 과학기술 연구가 급속도로 발전했으며, 국가의 위신을 걸고 과학기술로 패권을 쥐기 위해서는 전기가 필요했다는 방증이기도 하다.

전기의 발견 ②

── 외르스테드, 패러데이, 맥스웰

● 전기 연구의 시초, 외르스테드

최초의 전기 에너지는 전지에서 만들어졌다. 그리고 그 시초는 볼타 전지였다. 그렇다면 전기는 어떻게 전등이나 모터 같은 에너지로 쓰이게 되었을까?

1820년, 덴마크의 물리학자 한스 크리스티안 외르스테드(1777~1851)는 책상 위에 올려둔 전선에 전류를 흘리자 옆에 있던 방위 자석의 바늘이 움직이는 현상을 발견했다. 전기와 자기에 어떤 관계가 있음을 깨달은 것이다. 전류가 흐르는 동시에 자기장이 발생한 셈인데, 여기서 자기장은 자기력이 미치는 범위를 가리킨다. 외르스테드는 방위 자석의 위치를 바꿔가며 전류를 흘렸다가 끊기를 반복하면서 규칙성을 찾았다. 그 결과, 전류의 방향과 자기장 사이의 연관성이 밝혀졌다.

프랑스의 물리학자 앙드레 마리 앙페르(1775~1836)는 이 현상을 자세히 연구했다. 앙페르는 도선에 전류가 흐를 때 주위에 생기는 자기력선의 방향이 전류의 방향 기준으로 시계 방향임을 발견했다. 이를 '오른나사 법칙' 또는 '앙페르의 법칙'이라고 한다. 프랑스의 물리학자 장 바티스트 비오는 이 현상을 수식으로 정의했고, 이로써 전기와 자기를 연구하는 물리학 분야인 전자기학이 확립되었다.

이후 1831년에는 영국의 물리학자 마이클 패러데이(1791~1867)가 전자기 유도 법칙을 발견했다. '패러데이의 전자기 유도 법칙' 혹은 '패러데이의 법칙'이라고도 하는 이 법칙은 전기장과 자기장의 관계를 나타낸 법칙으로, 오늘날 전자기학의 바탕이

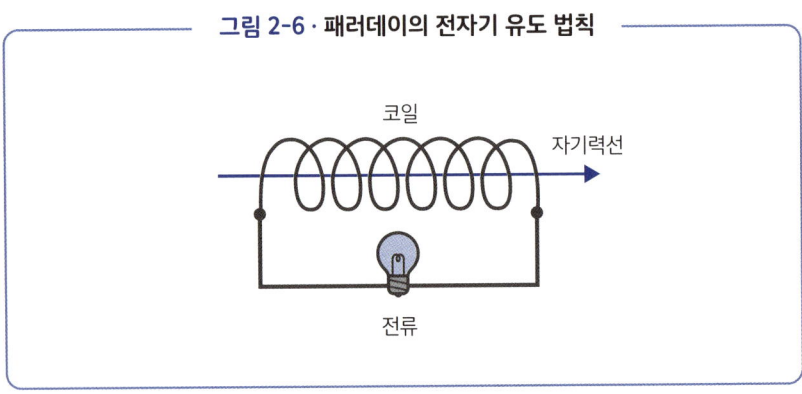

그림 2-6 · 패러데이의 전자기 유도 법칙

되었다. 도선을 감은 코일 내부에 자기력선이 흐르면 코일에 전류가 발생한다. 그리고 자기 다발, 즉 자기력선의 수가 많을수록 전류의 세기가 강하다. 중·고등학교 과학 수업에서 배웠다시피 코일에 막대자석을 넣고 위아래로 움직이면 전류가 발생한다. 그리고 코일에 전류를 흘리면 코일 주위에 자기장이 생기면서 가까이에 있는 방위 자석의 바늘이 움직인다. 이 현상을 '전자기 유도'라고 한다. 전자기 유도는 다양한 공업 제품에 응용되었는데, 이 법칙이 발견되지 않았다면 전기를 활용한 근대 공업화는 불가능했을지도 모른다.

전자기 유도 법칙을 응용한 대표적인 공업 제품은 전기 모터이다. 패러데이도 전기 모터에 응용하는 발상을 떠올렸지만, 실용적으로 활용하지는 못했다고 한다.

플레밍의 오른손 법칙과 왼손 법칙으로도 알 수 있다시피 전류의 방향과 자기장과 힘은 수직으로 작용한다. 따라서 전기장(전류의 방향)을 힘(움직임)으로 변환할 수 있고, 반대로 힘을 전기로 변환할 수도 있다. 전자는 전기 모터, 그리고 후자는 발전기의 원리이다.

영국의 공학자 존 앰브로즈 플레밍(1849~1945)은 전기 기술을 대중에게 보급했다. 그리고 영국의 물리학자 제임스 클러크 맥스웰(1831~1879)은 외르스테드, 앙페르, 패러데이의 업적을 수학적으로 나타내 전자기학으로 정리했다. 그는 맥스웰 방정식으로 전자기장의 운동 법칙을 정의했다. 맥스웰 방정식은 빛이 전자기파임을 증명한

식이며, 이후 전기와 전자기파 연구에 큰 영향을 미쳤다.

● 전기 모터의 발명

세계 최초로 전기 모터를 발명한 인물이 누구인지에 대해서는 의견이 분분한데, 영국의 물리학자 윌리엄 스터전(1783~1850)이 1832년에 발명했다는 설도 있고, 미국의 전기 기술자 토머스 데이븐포트(1802~1851)가 1834년에 발명했다는 설도 있다.

최초의 발명자가 누구인지 확실히 알 수 없다는 말은, 그 시대에 누구나 전기 모터에 관한 아이디어를 떠올릴 수 있는 상황이었음을 의미한다. 1831년에 패러데이가 전자기 유도 법칙을 발견하면서 전자기 유도로 발생한 힘을 동력으로 이용할 수 있게 되었다. 그리고 1836년에는 볼타 전지를 개량하여 실용성을 높인 대니얼 전지가 등장했다. 이러한 기술적 요소들을 조합하는 데 성공한 인물이 최초의 전기 모터를 완성했다고 볼 수 있다.

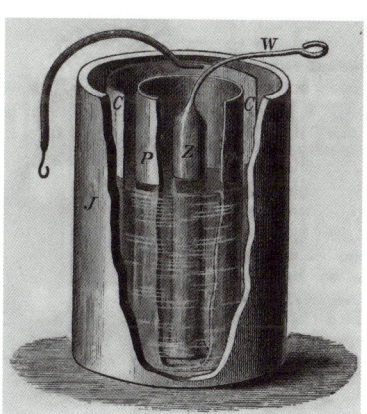

그림 2-7 · 대니얼 전지의 단면도

전기의 발견 ③

● 전기로 밝힌 전등

19세기에는 볼타 전지의 발명(1800)을 시작으로 외르스테드, 패러데이, 맥스웰 등 여러 과학자에 의해 전기와 자기의 원리가 밝혀졌다. 바야흐로 전기의 시대가 열린 셈이다. 그리고 20세기에는 조명과 동력의 에너지로 쓰이면서 전기는 실용화 단계에 접어들었다.

19세기 중반에 발전기가 만들어진 뒤로 인류는 전기 에너지를 본격적으로 이용하기 시작했다. 전기 에너지가 얼마나 대단한지 실감하게 된 계기는 누가 뭐래도 조명일 것이다. 그 전까지 사용하던 침침한 램프보다 훨씬 밝게 빛나는 전기를 보고 당시 사람들은 새로운 시대가 도래했다고 느꼈을지도 모른다.

전기 조명의 시초는 아크등이

그림 2-8 · 가로등으로 설치된 아크등

1882년 일본에 설치된 초기 아크등을 재현(2016)

었다. 아크등은 탄소 전극에 높은 전압의 직류 전기를 가했을 때 전극 사이에서 일어나는 방전을 광원으로 이용한 조명이었다. 아크등은 매우 밝아 19세기 중반~후반에 가로등으로 사용되었다. 일본 최초의 아크등은 1878년 도쿄공부대학(현 도쿄대학 공학부)에 설치되었다. 1882년에는 긴자의 길거리에 설치된 아크등의 밝은 빛을 보고 사람들의 눈이 휘둥그레졌다고 한다.

아크등은 가로등에는 적합했지만, 지나치게 밝은 나머지 수리하기 어려워 가정에서 사용하기는 힘들었다. 이를 해결한 발명품이 바로 백열전구이다. 1879년, 미국의 발명가 토머스 에디슨(1847~1931)은 전류가 흐르면 유리구 안에 들어 있는 가느다란 필라멘트에서 빛과 열을 방출하는 백열전구를 만들었다. 에디슨은 필라멘트의 수명을 늘리기 위해 대나무에서 추출한 탄소를 이용했는데, 필라멘트의 소재는 이후 수명이 긴 텅스텐으로 대체되었다.

전기 저항 때문에 열(줄열)을 내는 백열전구는 에너지 절약 측면에서 적합하지 않았기에 지금은 LED 전구로 대체되었다.

● **동력으로서의 전기**

전기는 최초로 이용된 조명뿐만 아니라 동력에서도 역시 엄청난 위력을 발휘했다. 전기 모터는 회전 운동의 동력으로 쓰였기에 공장은 물론 다양한 곳에서 널리 사용되었다.

전력을 이용하려면 전기를 만드는 발전소가 필요하다. 세계 최초의 발전소는 1881년 에디슨에 의해 세워졌다. 발전기가 직류식이어서 송전 효율이 낮았던 탓에 얼마 지나지 않아 교류식으로 송전 방식이 바뀌었다. 직류로도 효율적으로 송전할 수 있는 기술이 완성된 오늘날, 데이터 센터 같은 대규모 컴퓨터 시스템에서는 직류 방식을 채택하기도 한다.

교류 송전은 비교적 간단한 설비로 승압할 수 있으므로 고압 전류를 보내도 손실이 적다는 장점이 있다. 전압 변환 역시 간단하므로 송전은 교류 방식으로 이루어진다. 독일 기업 지멘스에서 1851년에 교류 발전기를 개발했고, 1885년부터 미국의 공학자 조지 웨스팅하우스(1846~1914)가 교류 송전을 시작했다. 에디슨이 채택한 직류 송전보다 장점이 압도적이었던 교류 송전은 순식간에 널리 보급되었다.

웨스팅하우스는 제너럴일렉트릭과 함께 오늘날에도 미국을 대표하는 전력 회사로, 컴퓨터와 원자력 발전 등 다양한 분야에서 활약하고 있다.

한편 일본의 경우 최초의 발전소는 도쿄전등(현 도쿄전력의 전신)에서 세운 화력 발전소로, 1887년부터 가동을 시작했다. 1889년에는 마찬가지로 화력 발전을 하는 오사카전등(현 간사이전력)이 교류 발전기로 송전을 시작했다.

수력 발전은 비와호 수로를 이용한 교토의 게아게 발전소에서 1891년에 처음 시작되었다. 비와호 수로는 비와호의 물을 교토로 보내는 인공 수로이며, 건설된 지 130년이 넘은 게아게 발전소는 오늘날에도 전기를 만들어 공급하고 있다.

1895년에는 도쿄전등이 독일에서 교류 발전기를 수입하여 본격적으로 발전 및 송전을 시작했다. 1897년에는 오사카전등이 미국 제너럴일렉트릭사의 교류 발전기를 도입했다. 그런데 미국제 발전기는 60Hz이고 독일제 발전기는 50Hz였기에 지금도 동일본과 서일본의 주파수는 서로 다르다. 주파수는 1초 동안 진동하는 횟수인데, 50Hz용 교류 모터를 60Hz용 발전기에 사용하면 모터가 더 빠르게 회전한다. 오늘날에는 전기 제품 내부에서 주파수 차이를 자동으로 보정하므로 이용하는 데 지장은 없지만, 송전할 때 주파수가 다르면 다른 지역에 전력을 보내지 못하게 된다. 이는 2011년 동일본 대지진 당시 심각한 문제로 드러났다.

새로운 우주의 발견, 성운(은하)

—— 허셜, 라플라스

● 뉴턴 역학으로 발견된 천왕성

18~19세기에 걸쳐 우주에 대한 인류의 인식은 점차 확대되었다. 1781년, 영국의 천문학자 윌리엄 허셜(1738~1822)은 천왕성을 발견했다. 태양계에는 태양에 가까운 순서대로 수성, 금성, 지구, 화성, 목성, 토성, 천왕성, 해왕성 등 8개의 행성이 있고, 그 바깥에 2006년까지 행성이었다가 왜행성으로 분류가 바뀐 명왕성이 있다. 18세기까지 사람들은 눈에 보이는 수성, 금성, 지구, 화성, 목성, 토성 등 6개가 전부라고 생각했지만, 7번째 행성인 천왕성이 발견되면서 인류의 우주관은 한층 넓어졌다.

천왕성의 뒤를 이어 천왕성 바깥 궤도를 공전하는 해왕성도 발견되었다. 천왕성이 발견된 후 공전 궤도를 주의 깊게 관찰하던 천문학자들은 뉴턴 역학으로 예측한 위치와 약간 다른 궤도를 따라 공전하는 천체를 발견했다. 이를 계기로 영국의 천문학자 존 카우치 애덤스(1819~1892)와 프랑스의 천문학자 위르뱅 르베리에(1811~1877)는 천왕성의 정확한 예측 위치를 계산했다. 그리고 1846년, 예측한 위치 바로 근처에서 독일의 천문학자 요한 고트프리트 갈레(1812~1910)가 천체 망원경으로 해왕성을 발견했다. 발견한 위치는 계산상 위치와 약 1°밖에 차이 나지 않았다. 달의 시직경(특정 지점에서 관측한 천체의 겉보기 지름. 각도로 나타낸다.-옮긴이)은 시야각 기준으로 약 0.5°이므로 오차는 보름달 지름의 약 2배였다. 접안렌즈의 겉보기 시야에 따라 다르겠지만, 80배 배율의 천체 망원경으로 달을 관찰하면 눈에 거의 가득 들어온다. 따라

서 위치만 알면 발견하기는 어렵지 않았을 터이다. 행성은 공전하므로 매일 밤 관측해도 움직이지 않는 항성과의 위치 관계를 알면 행성의 궤도를 구할 수 있다. 계산을 통해 실제로 새로운 행성을 발견하는 데 성공함으로써 뉴턴 역학이 얼마나 뛰어나고 정확한지 증명된 셈이다.

해왕성의 발견으로 인류가 아는 우주는 약 45억 km(태양과의 거리)로 넓어졌다.

해왕성의 궤도가 예상 위치와 약간 어긋나 있었다는 관찰 결과를 근거로 과학자들은 해왕성 바깥쪽에 또 다른 행성이 존재하리라고 예상했다. 실제로 1930년에 미국의 천문학자 클라이드 톰보(1906~1997)가 명왕성을 발견하면서 우주는 다시 한번 태양을 중심으로 약 74억 km까지 확장되었다.

이후 천체 망원경과 사진 기술이 발달하면서 여러 소행성과 혜성, 그리고 해왕성 바깥 천체(Trans-Neptunian Object, TNO)로 불리는 작은 암석형 천체(예: 왜행성 에리스)들이 발견되었다. 오늘날 과학자들은 더 바깥쪽에 카이퍼 벨트[30~55 천문단위(AU). 1 천문단위는 태양과 지구의 평균 거리로, 약 1억 5,000km]라는 소행성이 밀집된 영역, 그리고 혜성의 기원이 되는 천체가 모인 오르트 구름이라는 영역이 존재한다고 추정하고 있다.

● 우주의 반지름은 약 460억 광년

460억 광년은 인류의 이해가 미치는 태양계의 한계 범위이기도 하다. 인류가 아는 우주는 훨씬 넓은데, 빛이 도달하여 관측할 수 있는 가장 먼 거리는 우주의 나이이기도 한 138억 광년이다. 그러나 현재 실제로 관측할 수 있는 한계 거리는 우주가 탄생하고 10억 년 뒤인 128억 광년이다. 아무것도 없는 공간에서 대폭발이 일어나 물질이 탄생한 빅뱅 이래로 우주 자체가 계속 팽창하고 있으므로, 실제 우주의 끝은 약 460억 광년 너머로 추정된다. 그러나 그 끝에 있는 천체에서 방출된 빛은 지구에 도달하지 못하므로 우리는 우주의 끝을 영원히 볼 수 없다.

이것이 현재 인류가 알고 있는 우주의 모습이다. 우주관이 확장된 20세기 전까지 인류는 우주를 파악하지 못했다.

● 허셜의 우주

은하를 처음으로 자세하게 들여다본 인물은 갈릴레오 갈릴레이다. 자신이 애용하던 작은 망원경으로 은하수를 관측한 갈릴레이는 은하수가 무수히 많은 별의 집합체임을 발견했다. 1755년, 독일의 철학자 이마누엘 칸트(1724~1804)는 바다에 뜬 섬처럼 천체가 우주 여기저기에 존재한다는 뜻에서 '섬 우주'라는 이름으로 은하의 개념을 제시했다. 칸트의 설은 관측을 바탕으로 한 게 아니라 추상적인 개념이었지만, 그가 구상한 이미지는 오늘날의 은하에 가까웠다. 이를 이어받은 프랑스의 천문학자 피에르시몽 라플라스(1749~1827)는 1796년에 칸트-라플라스 성운설을 주장했다. 라플라스의 설은 태양계의 기원을 다루었는데, 고온의 가스와 먼지가 원시 태양의 중력에 이끌려 공전하기 시작했고 행성의 탄생으로 이어졌다는 내용이다.

오늘날 은하의 모습을 실제로 관측한 최초의 인물은 천왕성을 발견한 것으로도 유명한 허셜이다. 1785년에 허셜은 1,000개가 넘는 별을 자세히 관찰했고, 별들의 실제 밝기가 같다는 가정하에 지구까지의 거리를 산출하여 은하의 형태를 제시했다. 모든 별의 밝기가 같다는 가정은 실제와 달랐지만, 이를 고려하더라도 그가 그린 은

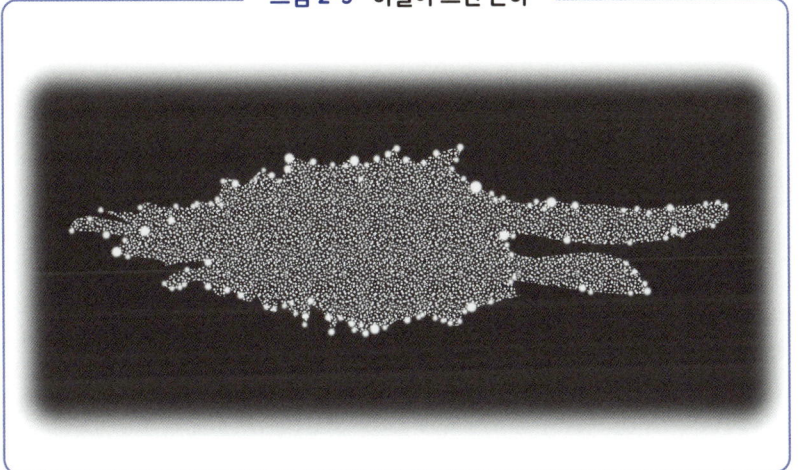

그림 2-9 · 허셜이 그린 은하

하는 오늘날 은하계의 모습과 흡사했다. 허셜이 제시한 은하는 지름이 6,000광년이고 중심에 태양계가 있는 형태였다.

이후 망원경으로 은하를 관측한 결과, 면적이 일정하고 희미하게 빛나는 천체가 다수 발견되었다. 1774년, 프랑스의 천문학자 샤를 메시에(1730~1817)는 항성과 다른 은하, 성운, 성단 등 천체의 목록을 작성했다. M1부터 M110까지 110개의 천체가 정리된 이 목록을 '메시에 목록'이라고 한다.

항성의 집합체인 은하는 크기가 거대하고 형태도 다양한데, 지구도 속한 우리은하 같은 막대나선은하와 안드로메다은하 같은 나선은하가 대표적이다. 성운은 가스와 성간 물질이 빽빽하게 밀집한 집합체가 주변에서 밝게 빛나는 별의 빛을 받아 구름처럼 반짝이는 천체로, 오리온성운과 게성운 등이 있다. 그리고 성단은 플레이아데스성단과 구상성단처럼 항성이 밀집한 집합체이다.

메시에 목록 번호는 오늘날에도 사용되는데, 은하에 속한 천체가 대량으로 발견되면서 NGC라는 새로운 목록이 만들어졌다. NGC 목록의 초안에는 윌리엄 허셜의 아들인 존 허셜(1792~1871)이 1864년에 정리한 5,079개의 천체가 들어 있다. NGC 목록은 오늘날에도 쓰이는데, 여러 번 개정과 추가를 거치면서 현재 목록에 실린 은하·성운·성단의 수는 1만 4,000여 개에 이른다.

밝기가 바뀌는 항성인 변광성을 이용하여 천체까지의 거리를 정확하게 잴 수 있게 되면서 우리가 사는 우리은하의 형태도 명확해졌다. 1918년, 미국의 천문학자 할로 섀플리(1885~1972)는 은하의 크기, 태양의 위치, 은하를 둘러싸듯이 존재하는 구상성단의 위치를 알아냈다. 변광성을 이용하여 천체까지의 거리를 측정하는 방법이란 무엇일까?

● 천체까지의 거리를 재는 방법

거리를 측정할 때는 세페이드 변광성을 이용하는데, 이 변광성의 변광주기와 절대 등급(천체와의 거리가 10파섹=약 32.6광년일 때 밝기)이 연관되어 있으므로 절대 등급과 겉보기 등급의 차이를 통해 거리를 구할 수 있다. 섀플리가 구상성단까지의 거리를 구할 때 활용한 천체는 세페이드 변광성은 아니고, 특성이 같은 거문고자리 RR형 변광성이었다.

　세페이드 변광성의 변광주기와 밝기의 관계는 미국의 천문학자 헨리에타 스완 레빗(1868~1921)이 1912년에 발견했다.

　별의 변광주기와 절대 등급의 관계를 '주기-광도 관계'라고 한다. 세페이드 변광성을 이용해 외부 은하까지의 거리를 측정함으로써 인류는 우주의 전체 구조를 더 깊이 이해하게 되었다. 1923년, 미국의 천문학자 에드윈 허블(1889~1953)은 안드로메다은하의 세페이드 변광성을 관측했고, 안드로메다은하까지의 거리가 약 90만 광년이라는 결론을 내렸다. 이후 더 정밀한 관측과 계산을 통해 현재 안드로메다은하까지의 거리는 약 230만 광년으로 밝혀졌다.

　우주에는 태양계만 존재하는 게 아니다. 태양은 물론 수천억 개의 항성이 속한 지름 10만 광년짜리 우리은하가 존재하며, 그 옆에는 아무리 가깝다 해도 수백만 광년 떨어진 안드로메다은하가 있다. 그 밖에도 수많은 은하와 천체가 모여 우주를 이루고 있다. 우리은하와 가장 가까운 은하는 우리은하의 위성 은하인 대마젤란은하(약 16만 광년 거리)와 소마젤란은하(약 20만 광년 거리)이다. 19세기 말에 태양계의 새로운 행성이 발견되었다며 설레했던 인류의 우주관은 20세기가 되면서 크게 확장되었다.

　20세기부터 21세기에 걸쳐 인류가 아는 우주는 한층 넓어졌다. 팽창 우주의 발견을 비롯한 우주의 전체 구조에 관해서는 다른 장에서 알아보기로 하자.

원소의 발견

—— 라부아지에, 돌턴

● **물질의 근원은 무엇일까?**

물질의 근원에 대한 호기심은 고대 그리스 시대에도 이미 존재했다. 아리스토텔레스는 물질이 물, 불, 흙, 공기라는 네 원소로 이루어져 있다고 생각했다. 마치 물에 갠 흙을 빚어 바람으로 화력을 높인 불에 굽는 도자기가 생각나는 세계관이다. 그렇다면 이 네 원소는 무엇으로 이루어져 있을까?

데모크리토스(B.C. 460?~B.C. 370?)는 아리스토텔레스의 설에 맞서 원자론을 주장했다. 모든 물질은 원자라는 작은 입자로 이루어져 있으며, 이 원자의 결합 방식에 따라 만물이 만들어진다는 주장이다. 원자론에 따르면 원자가 존재하고 운동하는 공간이 존재하는데, 이를 공허한 공간이라는 뜻에서 '케논(kenon)'이라고 한다. 철학자였던 아리스토텔레스와 데모크리토스는 오직 사유만으로 물질의 근원에 도달했다. 특히 데모크리토스의 원자론은 현대 이론과 매우 흡사했다.

그러나 당시 사람들은 아리스토텔레스의 4원소설을 지지했다. 원자론보다 더 직관적으로 와닿았기 때문이리라.

17세기에 로버트 보일(1627~1691)이 등장하면서 데모크리토스의 원자론이 다시금 주목받기 시작했다. 보일의 법칙으로 유명하며, 화학에 원소라는 개념을 도입한 인물이기도 하다. 보일은 물질의 토대를 이루는 무언가가 있으리라고 생각했고, 원소를 고대 그리스의 철학자들처럼 고찰로 그칠 게 아니라 실험으로 확인할 대상으로

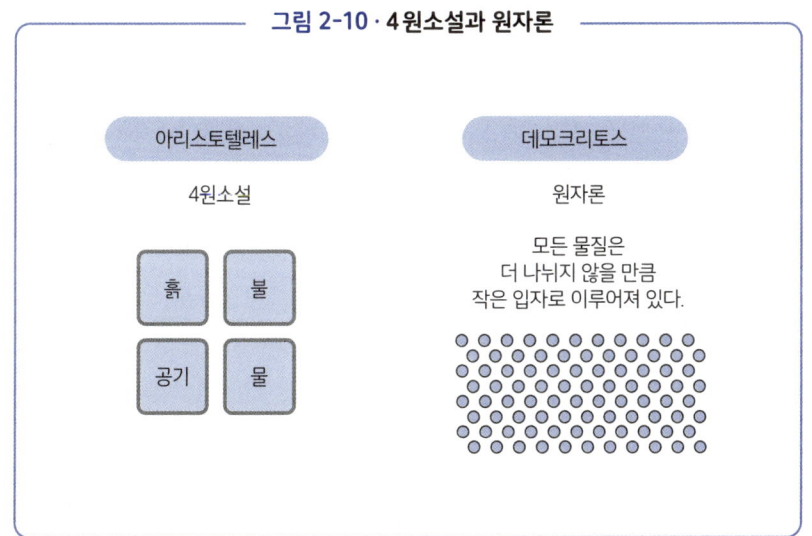

그림 2-10 · 4원소설과 원자론

여겼다. 이는 아리스토텔레스에서 시작되어 비과학적인 요소가 섞인 연금술까지 이어진 기존의 사고방식과는 구별되는 생각이었다.

● **라부아지에의 발견**

프랑스의 화학자 앙투안 라부아지에(1743~1794)는 1774년에 '질량 보존 법칙'을 발견했다. 화학 반응 전후로 물질의 형태는 바뀌어도 총질량은 바뀌지 않는다는 법칙이다. 1773년, 라부아지에는 연소시키기 전과 연소시킨 후 금속의 무게를 정밀하게 측정했다. 연소한 금속은 약간 무거워졌는데, 이는 연소 과정에서 금속이 산소와 결합했기 때문이다. 당시 사람들은 물질이 타면 플로지스톤이라는 가상의 물질이 빠져나오기 때문에 가벼워진다고 생각했다. 그러나 라부아지에는 플로지스톤설이라는 화학계의 오래된 정설을 논파하고 원소의 존재를 입증했다.

라부아지에와 같은 시대에 활약한 영국의 화학자 조지프 프리스틀리(1733~1804)도 수은 연소 실험으로 연소한 물질의 총질량이 늘어나는 현상을 확인했다. 그는 공기 중에 존재하는 물질이 연소에 사용되었기 때문이라고 생각했다. 실험이 이루어진

1774년은 산소가 발견된 해이기도 하다. 참고로 산소라는 명칭은 라부아지에가 붙였는데, '산(oxy-)을 만드는(-gen) 물질'이라는 의미이다.

당시 라부아지에와 프리스틀리뿐만 아니라 스웨덴의 화학자 칼 빌헬름 셸레(1742~1786)를 비롯한 여러 화학자가 비슷한 시기에 산소를 발견했기에 누가 산소의 발견자인지 의견이 분분하다.

1799년, 프랑스의 화학자 조제프 루이 프루스트(1754~1826)는 일정 성분비 법칙을 발견했다. 서로 다른 질량비로 물질을 반응시켜도 생성물을 구성하는 원소의 질량비는 같다는 법칙이다. 그리고 1803년에는 돌턴이 배수 비례 법칙을 발견했다. 두 종류의 원소가 반응할 때, 생성된 화합물을 구성하는 원소의 질량이 정수비를 이룬다는 법칙이다. 예를 들어 탄소와 결합하여 이산화탄소를 만드는 산소의 수는 일산화탄소를 만드는 산소의 2배이다.

일정 성분비 법칙과 배수 비례 법칙이 발견되면서, 원소끼리 결합하는 모종의 법칙이 존재한다는 인식과 함께 원소라는 물질이 화학계에서 현실성을 띠기 시작했다.

이처럼 18세기 후반은 물질을 이루는 일종의 입자가 결합하거나 분리될 수 있고, 이 과정에서 연소 같은 화학 반응이 일어나는 것일지도 모른다는 사고방식이 싹트기 시작한 시대였다.

● **돌턴의 원자설**

이 흐름은 영국의 화학자 존 돌턴(1766~1844)에게 이어졌다. 그는 1808년에 집필한 저서 『화학 철학의 새로운 체계』에서 원자설을 주장하여 현대적인 원자의 개념을 명확하게 제시했다. 나아가 돌턴은 독자적인 원소 기호를 만들었고, 원자가 여러 개 결합하여 분자를 이루는 현상을 설명했다.

현재까지 발견된 원소는 118개이다. 118번 원소는 러시아의 핵물리학자인 유리 오가네시안이 2002년에 발견한 오가네손(Og)이다. 지금도 119번 원소의 후보가 차례를 기다리고 있다. 자연에 존재하는 원소는 원자 번호(원자핵 내 양성자의 수) 92인 우라늄이 마지막이고, 93번 넵투늄과 94번 플루토늄은 자연에 극소량 존재한다. 그러나 그다음 원소들은 가속기에서 인공적으로 만들 수밖에 없으며 수명은 수 밀리초(ms)에 불과하다.

예를 들어 113번 원소인 니호늄의 수명도 2밀리초이다. 그리고 니호늄은 가속기로 아연과 비스무트의 원자핵을 충돌시켜서 만드는데, 아연(Zn)의 원자 번호는 30이고 비스무트(Bi)의 원자 번호는 83이므로, 잘 융합하면 두 원자핵의 양성자 수를 더한 원자 번호 113의 원소 니호늄이 만들어질 가능성도 있다. 다만 수백조 번이나 충돌 실험을 진행해도 제대로 융합된 사례는 거의 없을 정도이니 이를 실현하려면 엄청난 중노동이 필요할 것이다.

자연에 존재하지 않는 원소를 만들어내면 과학자의 호기심을 충족할 수는 있겠지만 한순간밖에 존재하지 않는 원소가 과연 유용한지, 막대한 비용을 들여 국가 예산으로 가속기를 운용해야 하는지 등의 비판도 나오고 있다. 그러나 이에 굴하지 않고 자신의 신념에 따라 도전하기에 과학자로 불리는 게 아닐까.

그림 2-11 · 오늘날의 주기율표

족\주기	1	2	3	4	5	6	7	8	9	10	11	12	13	14	15	16	17	18
1	1H 수소 1.008																	2He 헬륨 4.003
2	3Li 리튬 6.941	4Be 베릴륨 9.012											5B 붕소 10.81	6C 탄소 12.01	7N 질소 14.01	8O 산소 16.00	9F 플루오린 19.00	10Ne 네온 20.18
3	11Na 소듐 22.99	12Mg 마그네슘 24.31											13Al 알루미늄 26.98	14Si 규소 28.09	15P 인 30.97	16S 황 32.07	17Cl 염소 35.45	18Ar 아르곤 39.95
4	19K 포타슘 39.10	20Ca 칼슘 40.08	21Sc 스칸듐 44.96	22Ti 타이타늄 47.87	23V 바나듐 50.94	24Cr 크로뮴 52.00	25Mn 망가니즈 54.94	26Fe 철 55.85	27Co 코발트 58.93	28Ni 니켈 58.69	29Cu 구리 63.55	30Zn 아연 65.38	31Ga 갈륨 69.72	32Ge 저마늄 72.63	33As 비소 74.92	34Se 셀레늄 78.97	35Br 브로민 79.90	36Kr 크립톤 83.80
5	37Rb 루비듐 85.47	38Sr 스트론튬 87.62	39Y 이트륨 88.91	40Zr 지르코늄 91.22	41Nb 나이오븀 92.91	42Mo 몰리브데넘 95.95	43Tc 테크네튬 (99)	44Ru 루테늄 101.1	45Rh 로듐 102.9	46Pd 팔라듐 106.4	47Ag 은 107.9	48Cd 카드뮴 112.4	49In 인듐 114.8	50Sn 주석 118.7	51Sb 안티모니 121.8	52Te 텔루륨 127.6	53I 아이오딘 126.9	54Xe 제논 131.3
6	55Cs 세슘 132.9	56Ba 바륨 137.3	57~71 란타넘족	72Hf 하프늄 178.5	73Ta 탄탈럼 180.9	74W 텅스텐 183.8	75Re 레늄 186.2	76Os 오스뮴 190.2	77Ir 이리듐 192.2	78Pt 백금 195.1	79Au 금 197.0	80Hg 수은 200.6	81Tl 탈륨 204.4	82Pb 납 207.2	83Bi 비스무트 209.0	84Po 폴로늄 (210)	85At 아스타틴 (210)	86Rn 라돈 (222)
7	87Fr 프랑슘 (223)	88Ra 라듐 (226)	89~103 악티늄족	104Rf 러더포듐 (267)	105Db 더브늄 (268)	106Sg 시보귬 (271)	107Bh 보륨 (272)	108Hs 하슘 (277)	109Mt 마이트너륨 (276)	110Ds 다름슈타튬 (281)	111Rg 뢴트게늄 (280)	112Cn 코페르니슘 (285)	113Nh 니호늄 (278)	114Fl 플레로븀 (289)	115Mc 모스코븀 (289)	116Lv 리버모륨 (289)	117Ts 테네신 (293)	118Og 오가네손 (294)

원소 기호
원자 번호 1H 수소 1.008
원소 이름
원자량

상온(25℃), 1013hPa일 때 원소의 상태
☐ 기체
☐ 액체
☐ 고체 (102번 이후 원소의 상태는 밝혀지지 않음)

| 란타넘족 | 57La 란타넘 138.9 | 58Ce 세륨 140.1 | 59Pr 프라세오디뮴 140.9 | 60Nd 네오디뮴 144.2 | 61Pm 프로메튬 (145) | 62Sm 사마륨 150.4 | 63Eu 유로퓸 152.0 | 64Gd 가돌리늄 157.3 | 65Tb 터븀 158.9 | 66Dy 디스프로슘 162.5 | 67Ho 홀뮴 164.9 | 68Er 어븀 167.3 | 69Tm 툴륨 168.9 | 70Yb 이터븀 173.0 | 71Lu 루테튬 175.0 |
| 악티늄족 | 89Ac 악티늄 (227) | 90Th 토륨 232.0 | 91Pa 프로트악티늄 231.0 | 92U 우라늄 238.0 | 93Np 넵투늄 (237) | 94Pu 플루토늄 (239) | 95Am 아메리슘 (243) | 96Cm 퀴륨 (247) | 97Bk 버클륨 (247) | 98Cf 캘리포늄 (252) | 99Es 아인슈타이늄 (252) | 100Fm 페르뮴 (257) | 101Md 멘델레븀 (258) | 102No 노벨륨 (259) | 103Lr 로렌슘 (262) |

전기 통신, 무선 통신, 전화의 발명

―― 모스, 마르코니, 벨

● **모스 신호의 발명**

"돈돈 스스" 하는 모스 부호 소리는 취미로 아마추어 무선을 하지 않는다면 이제 들을 기회가 거의 없다.

모스 신호는 짧은 음과 긴 음을 조합하여 문자와 숫자를 나타내는 모스 부호를 이용하는 통신 방식이다. A는 '·-', B는 '-···', C는 '-···' 같은 식으로 알파벳 26자와 숫자와 기호에 각각 모스 부호가 할당되어 있다.

모스 부호를 발명한 인물은 미국의 전기 기사 새뮤얼 모스(1791~1872)로, 1837년에 최초로 통신 실험을 한 이후 1844년에는 워싱턴과 볼티모어 사이에 전선을 설치하여 최초로 실용적인 유선 전기 통신에 성공했다.

모스 통신은 전건(스위치로 전류를 껐다 켰다 하는 장치)을 눌러 전류를 조작하는 방식을 이용한다. 초창기에는 통신을 받는 쪽에서 전류를 받으면 전자석이 작용하여 기록용 바늘이 움직이고, 기록되는 부호의 길이로 모스 부호를 식별했다.

이후 소리로 변환하여 '돈'과 '스'라는 짧은 음과 긴 음의 조합을 사용하는 방식을 사용하면서 모스 부호는 지금과 같은 형태로 완성되었다.

1850년부터 전 세계를 유선 통신으로 연결하는 해저 케이블이 부설되었다. 그리고 1854년에는 두 번째로 일본에 입항한 페리 제독이 쇼군에게 유선 통신기를 선물하여 시연하기도 했다.

그림 2-12 · 모스 통신에 쓰인 전건

멀리 떨어진 땅에서 보내온 신호를 눈앞의 기계가 수신하는 것을 보고 당시 사람들은 얼마나 놀랐을까. 시연에 자극받았는지 1869년에 일본 최초의 전선이 요코하마에 설치되었다. 정보를 눈 깜짝할 사이에 멀리 전달하는 전신은 이후 급속도로 전국에 보급되었다. 메이지 시대에 들어 새로운 과학기술이 도입되면서 일본 사회는 빠르게 바뀌었다.

● **무선 통신의 시작**

유선 통신을 하려면 상대방이 있는 지역까지 전선이 깔려 있어야 한다. 이러한 단점을 극복하기 위해 사람들은 무선 통신을 실현하고자 했다.

최초로 전자기파를 발견한 인물은 독일의 물리학자 하인리히 헤르츠(1857~1894)이다. 1888년, 헤르츠는 그 유명한 헤르츠의 실험을 진행했다. 유도 코일을 사용한 송신기로 불꽃 방전을 일으키면 수신기의 공진기에서도 불꽃이 생기는 현상을 확인한 이 실험으로, 전파가 빛과 성질이 같은 전자기파의 일종임이 증명되었다.

벼락은 자연에서 관찰할 수 있는 대표적인 불꽃 방전 현상이다. 벼락이 칠 때는 AM 라디오 주파수에 잡음이 섞이는데, 이는 벼락에서 방출되는 전파 때문이다.

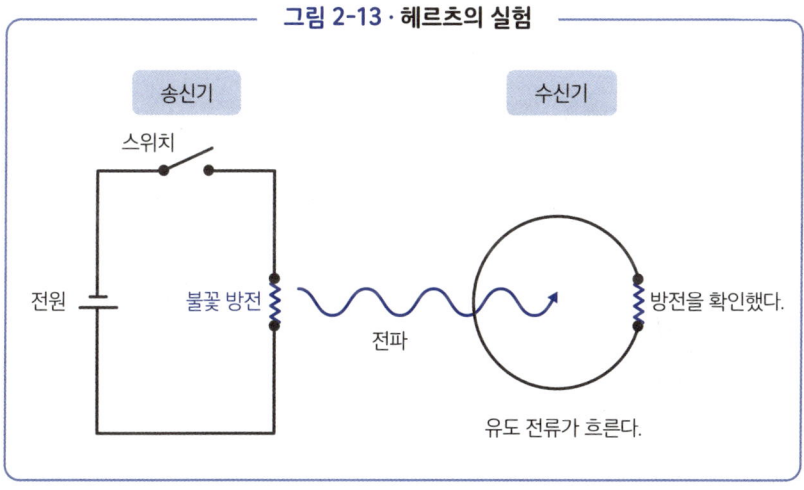

그림 2-13 · 헤르츠의 실험

헤르츠의 실험으로부터 24년 전인 1864년에는 영국의 물리학자 제임스 클러크 맥스웰이 전자기파의 존재를 이론적으로 증명한 맥스웰 방정식을 발표했다. 맥스웰 방정식은 전파의 존재를 내다보았을 뿐만 아니라 빛이 전자기파에 속한다는 사실까지 증명한 위대한 업적이다. 헤르츠는 맥스웰의 예측을 실험으로 증명하는 데 성공했다.

전파를 사용한 무선 통신을 최초로 성공한 인물은 이탈리아의 과학자 굴리엘모 마르코니(1874~1937)이다. 불꽃 방전으로 전자기파를 발생시킨 헤르츠의 실험에 흥미를 보인 마르코니는 1896년에 직접 불꽃 방전을 일으키는 송신기와 수신기를 만들었고, 최초의 무선 통신 실험을 진행했다. 1899년에는 영국 해협을 횡단했고, 1901년에는 대서양을 횡단한 무선 통신에 성공하면서 유선 통신에서 무선 통신으로 바뀌는 역사적 전환점을 만들었다. 상대방에게까지 전선을 연결해야 하는 유선 통신과 달리 무선 통신은 설비에 필요한 노동력과 비용을 절감할 수 있다. 마르코니는 이 업적을 인정받아 1909년 노벨 물리학상을 받았다.

아무리 멀리 떨어져 있어도 연락을 주고받을 수 있는 무선 통신은 1900년부터 대형 선박에 탑재되었고, 조난 신호를 보내는 데 활용되었다. 영화로도 유명한 1912년

그림 2-14 · 마르코니의 무선 통신기

© Museo Marconi, Collezione Bigazzi

타이타닉호 사건 당시에도 무선 조난 신호가 전송되었다.

● 전파에 음성을 싣는 기술

최초의 무선 통신은 모스 신호로만 이루어졌다. 그러나 1900년에 전파에 음성을 실어 보내는 기술이 개발되면서 오늘날의 무선기와 같은 기능이 도입되었다.

음성 통신 분야의 획기적인 발명이라면 전화를 빼놓을 수 없다. 전화는 알렉산더 그레이엄 벨(1847~1922)이 1876년에 발명했다고 알려졌지만, 비슷한 시기에 음성을 주고받는 전화를 개발한 과학자나 발명가는 그 밖에도 있었다. 안토니오 메우치(1808~1889)는 1854년에 최초로 전화를 발명했고, 토머스 에디슨도 1876년에 전화를 발명했다. 그러나 메우치와 에디슨은 특허를 등록할 때 미비한 부분이 있었던 탓에 제1 발명자의 영예를 누리지 못했다.

19세기 후반에는 과학기술 분야에서 연구 개발이 활발하게 이루어졌고, 이를 바탕으로 사회에 유용한 발명들이 잇따라 등장했다. 그리고 이러한 과학기술이 거대한 사업과 연계되면서 특허 등록은 필수적인 절차로 자리 잡았다.

통신뿐만 아니라 방송에서도 전파에 음성을 싣는 기술을 이용하게 되었다. 본격적인 라디오 방송은 1920년 미국 KDKA 방송국에서 시작되었다. 그 뒤를 따르듯이 일본에서도 1925년에 체신성 전기 시험소(도쿄 시바우라 소재)의 임시 방송소에서 최초로 라디오 방송용 전파를 송신했다. 그리고 그로부터 4개월 후 아타고산에서 본 방송이 시작되었다.

라디오 방송은 대중에게 정보를 전달하는 매체로서 절대적인 힘을 발휘했다. 대중 매체의 등장으로 사회 구조는 크게 뒤바뀌었다.

그림 2-15 · 모스 부호 (알파벳·숫자)

문자	모스 부호	문자	모스 부호	문자	모스 부호
A	· −	N	− ·	1	· − − − −
B	− · · ·	O	− − −	2	· · − − −
C	− · − ·	P	· − − ·	3	· · · − −
D	− · ·	Q	− − · −	4	· · · · −
E	·	R	· − ·	5	· · · · ·
F	· · − ·	S	· · ·	6	− · · · ·
G	− − ·	T	−	7	− − · · ·
H	· · · ·	U	· · −	8	− − − · ·
I	· ·	V	· · · −	9	− − − − ·
J	· − − −	W	· − −	0	− − − − −
K	− · −	X	− · · −		
L	· − · ·	Y	− · − −		
M	− −	Z	− − · ·		

제2장 산업혁명과 사회의 변혁 ― 18세기

27

 **열에너지 개념의 확립**

──── 줄

● **줄과 에너지**

에너지라는 말이 일상에 뿌리내린 지도 오래되었다. 화석 에너지나 재생 가능 에너지 같은 단어도 흔히 쓰이고, 운동에너지, 열에너지 등 에너지에 관한 물리학 용어도 많다. 에너지의 일반적인 의미는 '활동에 필요한 근본적인 힘'이지만, 오늘날 보편적으로 쓰이는 에너지의 개념은 19세기 후반에 등장했다. 에너지의 개념을 정량적으로 제시한 최초의 과학자인 줄을 알아보자.

영국의 물리학자 제임스 줄(1818~1889)은 운동과 열의 관계를 연구한 끝에 에너지의 근대적 개념을 세웠다.

줄은 일(역학적 일, 즉 운동량)과 열량을 연결 지어 에너지의 근대적 개념을 명확하게 정의했다. 그리고 1845년에는 과학사에 남을 유명한 실험을 진행했다.

줄은 2년 전인 1843년에는 물의 온도 변화를 실험할 때 전류가 흐르는 전선을 사용했지만, 1845년부터는 용기 안의 물을 회전 날개로 휘젓는 방식으로 바꾸었다. 그가 전기 저항에 의한 발열을 연구한 이유는 당시 막 등장한 전기 모터의 에너지 효율을 알아보기 위해서였다. 이전에도 소개했다시피 다양한 설이 있지만, 일단 최초로 전기 모터의 원리를 고안한 인물은 1821년에 장치를 선보인 마이클 패러데이로 알려져 있다.

줄은 전류 실험에서 '도선에 전류가 흐를 때 발생하는 열의 크기는 도선의 저항과 전류 세기 제곱의 곱에 비례한다'라는 줄의 법칙을 발견했다. 이때 발생한 열을 '줄 열'이라고 한다. 그는 실험을 반복하며 물의 온도를 1℃ 올리는 데 필요한 열량이 4.19줄(J)임을 알아냈다. 물의 온도를 1℃ 올리는 데 필요한 열량은 1칼로리(cal)이므로 1cal=4.19J이다.

줄은 실험으로 열과 일이 같다는 사실을 증명했다. 오늘날 줄(J)은 에너지의 SI 단위이며, 1J=1N·m로 정의된다. 즉, 1J은 물체에 1N의 힘이 작용할 때 힘이 작용하는 방향으로 물체를 1m 움직이는 일의 양이다. 무게의 단위인 kgf(킬로그램중)으로 1N을 표현하자면, 1kgf=9.8N이므로 1N은 지상에서 약 100g의 물체를 손바닥에 올렸을 때 손에 가해지는 힘의 크기이다.

줄이 증명했다시피 열과 일이 등가이므로 어떤 계가 가진 에너지의 총량(내부 에너지)은 열과 일의 합이며, 이에 따라 '에너지 보존 법칙(열역학 제1 법칙)'도 성립된다.

물질의 성분을 해석하는 스펙트럼 분석법의 등장

—— 분젠, 키르히호프

● 분광 분석법의 발명

19세기 후반, 원소의 분광 분석법이 발명되었다. 독일의 화학자 로베르트 분젠(1811~1899)과 구스타프 키르히호프(1824~1887)는 함께 분광 분석법을 정립했고, 루비듐과 세슘 등의 원소를 발견했다. 분젠은 1855년에 발명한 분젠 버너로도 유명하다. 분젠 버너는 석탄 가스를 태워 고온을 얻는 기구이다. 한편, 키르히호프는 전기 회로에서 전압과 전류를 구하는 데 필요한 키르히호프의 법칙으로 유명하다.

분광 분석법은 프리즘으로 분해된 빛의 스펙트럼에서 나타나는 휘선과 암선의 위치를 통해 원소를 알아내는 방법이다. 스펙트럼은 7가지 무지갯빛으로 보이지만, 자세히 들여다보면 밝게 빛나는 휘선과 까만 암선이 있다. 이 휘선과 암선이 스펙트럼에서 나타나는 위치는 원소마다 다르므로 선의 위치를 분석하면 빛을 방출하는 물체의 원소 조성을 알 수 있다.

1814년, 프라운호퍼는 태양의 스펙트럼에서 수많은 암선을 발견하고 프라운호퍼선이라는 이름을 붙였다. 프라운호퍼선은 태양에서 방출된 빛이 태양과 지구의 대기에 존재하는 특정 원소에 의해 흡수되어 만들어진 암선이었다.

그리고 이 암선이 원소 주위를 도는 전자의 배치와 구조에 따라 다르다는 사실을 발견한 인물이 분젠과 키르히호프였다. 두 사람의 업적은 이후 핵물리학과 양자역학이 발전하는 거름이 되었다.

분광학 분야의 또 다른 위인을 잊어서는 안 된다. 바로 모즐리의 법칙을 발견하고, 원소의 원소 번호와 원소 고유의 파장을 가진 '특성 X선'의 관계를 밝힌 영국의 물리학자 헨리 모즐리(1887~1915)이다. X선 분광법은 이후 특성물리학에 지대한 공헌을 했는데, 안타깝게도 모즐리는 제1차 세계 대전에서 전사하고 말았다.

분광 분석법은 가시광선이 아니라 주변의 전자기파로도 시행할 수 있다. 유럽우주국(ESA)에서는 가니메데, 에우로파, 칼리스토 등 목성의 위성에 존재할지도 모르는 생명체의 증거를 찾기 위해 2023년 4월에 목성 얼음 위성 탐사선(JUICE)을 보냈다. 이 탐사선에는 일본의 국립정보통신연구기구(NICT)가 개발한 테라헤르츠파 분광기가 탑재되었다. 테라헤르츠파는 주파수 대역이 가장 높은 전파로, 분광 분석을 통해 생명체에서 유래한 원소가 발견될 가능성이 있다고 여겨지는 대역이다.

이는 모두 분젠과 키르히호프, 더 거슬러 올라가면 프라운호퍼의 연구가 있었기에 가능한 일이었다.

2장
연표(18~19세기)

과학기술의 역사

	연도	내용
18세기	1735년	해리슨, 정밀 시계 발명.
	1755년	칸트, 섬 우주(은하) 개념 제시.
	1774년	메시에, 메시에 목록 초안 발표.
	1781년	허셜, 천왕성 발견.
	1785년	허셜, 관측을 바탕으로 은하의 대략적인 형태 제시.
	1789년	갈바니, 개구리 다리를 해부하여 동물 전기 발견.
	1796년	라플라스, 칸트-라플라스 성운설 발표.
19세기	1800년	볼타, 볼타 전지 발명.
	1831년	패러데이, 전자기 유도 법칙 발견. 전기 기술 실용화.
	1836년	대니얼, 볼타 전지를 실용적으로 개량한 대니얼 전지 발명.
	1837년	모스, 유선 전신기 발명.
	1837년	모스, 세계 최초의 유선 통신 실험.
	1839년	다게르, 사진 기술 발명.
	1840년	줄, 열에너지 개념 고안.
	1844년	워싱턴-볼티모어 간 전신 개통.
	1846년	갈레, 해왕성 발견.
	1850년	영국-프랑스 간 해저 케이블 부설 시작.
	1851년	지멘스, 교류 발전기 개발.
	1854년	메우치, 음성 통신 전화기 발명.
	1864년	맥스웰, 전자기파를 이론적으로 규명.
	1866년	노벨, 다이너마이트 발명.
	1866년	르클랑셰, 사용이 간편한 건전지 발명.
	1879년	에디슨, 실용적인 백열전구 발명.
	1882년	에디슨, 직류 발전소 건설.
	1886년	전력 회사 웨스팅하우스, 교류 송전 개시.

19세기	1888년	헤르츠, 전자기파 발견.
	1895년	마르코니, 최초로 무선 통신기 발명.
	1899년	마르코니, 영국 해협을 가로지르는 무선 통신에 성공.
20세기	1901년	마르코니, 대서양을 횡단하는 장거리 무선 통신에 성공.
	1908년	세페이드 변광성을 이용한 장거리 측정 기술 등장.
	1912년	타이타닉호 침몰 사고 발생. 무선 통신으로 SOS 발신.
	1912년	일본 최초의 무선 음성 통신 실험에 성공.
	1923년	허블, 지구에서 안드로메다은하까지의 거리를 90만 광년으로 계산.
	1930년	톰보, 명왕성 발견.

세계의 주요 사건

18세기	1751년	프랑스, 백과전서 간행 시작. 계몽사상 전파에 기여.
	1753년	대영박물관 설립.
	1760년경	영국, 산업혁명 시작.
	1775년	미국, 독립전쟁 발발.
	1776년	애덤 스미스, 『국부론』 출간. 자유주의 경제 개념 제시.
	1789년	프랑스 혁명 발발.
	1799년	프랑스, 최초로 미터법 도입.
19세기	1840년	아편전쟁 발발.
	1851년	런던, 최초의 만국 박람회 개최.
	1855년	파리, 만국 박람회 개최.
	1861년	미국, 남북전쟁 발발.
	1862년	런던, 만국 박람회 개최.
	1867년	파리, 만국 박람회 개최.
	1869년	수에즈 운하 완공.
	1889년	파리, 제4회 만국 박람회 개최. 에펠탑 준공.
20세기	1920년	미국, 최초로 라디오 방송 시작.

근대에서 현대로

19세기

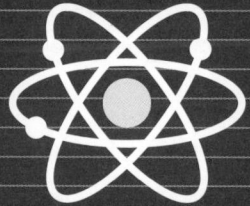

원소 주기의 발견

—— 뉴랜즈, 멘델레예프

● 원소와 원자는 같은 물질

물질의 근원을 탐구하는 여정은 고대 그리스 시대에 시작되었다. 아리스토텔레스가 4원소설(물, 불, 흙, 공기)을, 데모크리토스가 원자설을 주장했으나 과학적 근거는 없었다. 18세기에 라부아지에와 돌턴이 등장하면서 비로소 인류는 물질의 정체를 과학적으로 탐구하기 시작했다.

1869년, 러시아의 화학자 드미트리 멘델레예프(1834~1907)는 성질이 같은 원소가 일정 주기로 반복해서 나타나는 특징을 발견했고, 이를 주기율표로 정리하여 발표했다. 표에는 빈칸도 있었지만, 나중에 발견된 원소가 주기율표의 빈칸에 들어맞는다는 사실이 밝혀지면서 멘델레예프는 전 세계에 위명을 떨치게 되었다.

여기서 잠시 원자와 원소의 차이를 짚고 넘어가자. 원자는 물질을 이루는 가장 작은 입자로, 화학 물질을 구성하는 기본 단위이다. 한편 원소는 동위원소를 포함하여 양성자 수가 같은 원자를 가리킨다. 수소를 예로 들자면 일반적인 수소 외에도 중수소($2H$)와 삼중수소($3H$)라는 동위원소가 있는데, 동위원소는 일반 원소와 중성자의 수가 다른 원자이다. 양성자 1개와 전자 1개로만 이루어진 일반 수소 원자와 달리 중수소는 수소의 원자핵에 중성자 1개, 삼중수소는 중성자 2개가 존재한다. 양성자는 똑같이 1개이므로 성질은 같지만, 중성자 수만큼 질량이 다르다.

그러나 실제로 원소와 원자는 거의 같은 의미로 쓰인다. 핵물리학과 입자물리학 등

물리학 분야에서는 '원자'를 주로 사용하지만, 역사가 오래된 화학 분야에서는 아직도 '원소'를 사용하는 경우가 많다. 영어로 원소는 element, 원자는 atom, 기본 입자(소립자)는 elementary particle이다.

● 옥텟 법칙으로 시작된 주기율표

다시 멘델레예프의 이야기로 돌아가자. 멘델레예프가 주기율표를 발표하기 5년 전인 1864년, 영국의 화학자 존 뉴랜즈(1837~1898)는 '옥텟 법칙'을 발표했다. 옥텟 법칙이란 주파수가 8음계 올라갈 때마다 2배 높아지는 음악의 옥타브처럼, 원소를 원

그림 3-1 · 멘델레예프가 만든 주기율표와 새로 발견된 세 원소

주기	1	2	3	4	5	6	7	8
1								
2		Be	R	C	N	O	F	
3		Mg	Al	Si	P	S	Cl	
4	Ca			Ti	V	Cr	Mn	Fe Co / Ni Cu
5		Zn			As		Se	Br
6	Sr	Yt?		Zr	Nb	Mo		Ru Rn / Pd Ag
7		Cd	In	Sr	Sb		Te	I
8	Ba	Di?		Ce?				
9								
10			Er?	La?	Ta	W		Os Ir / Pt Au
11			Hg	Tl	Pb	Bi		
12					Th	U		

스칸듐(Sc)　　갈륨(Ga)　　저마늄(Ge)

출처: 『科学の事典(과학사전)』(이와나미쇼텐, 1985)을 참고하여 가필함.

자량순으로 나열했을 때 8개마다 같은 성질이 나타나는 법칙이다. 멘델레예프는 이 법칙성에 주목하여 연구를 거듭한 끝에 1869년 논문을 발표했다.

당시 알려진 63종의 원소를 질량(정확히는 원자량)이 가벼운 원소부터 무거운 순서대로 나열했더니 군데군데 빈칸이 생겼다. 멘델레예프는 빈칸에 들어갈 가능성이 있는 원소를 예측했다. 그리고 이후 빈칸에 들어맞는 갈륨(1875), 스칸듐(1879), 저마늄(1886)이 새로 발견되었다.

원소의 성질이 규칙적으로 바뀌는 이유는 원소의 '원자가 전자' 수가 주기적으로 바뀌기 때문이다. 원자가 전자는 원자핵 주위를 도는 전자 중 가장 바깥쪽 궤도를 도는 전자로, 다른 원자와 화학적으로 결합할 때 중요한 작용을 한다. 헬륨과 네온처럼 가장 바깥쪽 궤도(최외각)에 전자가 전부 들어가면 화학적으로 안정성이 높아 다른 원자와는 잘 결합하지 않는다.

전자껍질은 원자핵에 가까운 껍질부터 K 껍질, L 껍질, M 껍질, N 껍질이라고 하며, 각 껍질에는 전자가 최대 2개, 8개, 18개, 32개 들어간다. 태양계의 행성은 평면 궤도를 따라 태양 주위를 돌지만, 전자는 원자핵 주위에 구름처럼 퍼져 원자핵을 둥글게 감싸고 있다. 껍질이라는 이름도 이러한 전자의 형태에서 유래했다. 전자가 원자핵을 감싼 모습은 양파 껍질을 떠올리면 상상하기 쉽다. 전자껍질은 s 궤도와 p 궤도 등 여러 궤도로 이루어져 있다. 이는 전자가 하나의 입자가 아니라 원자핵 주위에 양자역학적으로 퍼져 있기 때문이다.

멘델레예프가 주기율을 발견한 뒤로 새로운 원소들이 발견되었지만, 그가 활약했던 19세기 후반은 원자의 정확한 정체가 드러나지 않은 시대이기도 했다.

● **전자의 발견과 원자 모형**

영국의 물리학자 조지프 존 톰슨(1856~1940)이 1897년에 전자를 발견한 이후, 전 세계의 과학자는 원자의 형태를 밝히는 연구를 시작했다. 1903년에는 일본의 물리학자 나가오카 한타로(1865~1950)가 토성형 원자 모형을 제시했다. 같은 해에 톰슨이,

그리고 1911년에는 영국의 물리학자 어니스트 러더퍼드(1871~1937)가, 1913년에는 덴마크의 물리학자이자 양자역학의 선구자인 닐스 보어(1885~1962)가 각각 원자 모형을 제시했다. 원자의 형태와 성질을 시각적으로 표현한 원자 모형은 고안한 과학자에 따라 형태가 달랐다.

톰슨의 원자 모형은 양전하를 띤 구 안에 음전하를 띤 작은 입자(전자)가 흩어져 있는 이미지이다. 푸딩 속에 건포도가 박혀 있는 것처럼 생겨 건포도 푸딩 모델이라고도 한다.

나가오카 한타로의 토성형 원자 모형은 원자핵이 중심에 있고, 그 주위를 전자들이 일정한 궤도를 따라 토성 고리처럼 움직이는 형태이다. 건포도 푸딩 모델보다 실제 원자에 가깝지만, 전자가 원자핵 주위를 회전하면서 전자기파를 방출하여 에너지를 잃고 원자핵과 합체한다는 단점이 있었다.

러더퍼드의 원자 모형은 원자핵이 훨씬 작은 대신 질량과 양전하가 집중되어 있고 원자핵 주위를 전자가 회전하는 형태로 묘사했는데, 이는 전자가 구름처럼 떠다니는 현대 원자 모형과 일정 부분 닮은 측면이 있었다.

보어의 원자 모형에는 전자 궤도 개념이 도입되었다. 전자가 외부에서 에너지를 얻으면 바깥 궤도로 올라간다고 설명했는데, 이를 '들뜬 상태'라고 하며 들뜬 전자는 에너지를 방출하고 원래 궤도의 바닥 상태로 돌아간다. 보어의 원자 모형은 이후 양자역학의 밑바탕이 되었다.

수소를 제외한 원자의 원자핵은 양성자와 중성자로 이루어져 있다. 양성자는 1919년에 러더퍼드가, 중성자는 1932년에 영국의 물리학자 제임스 채드윅(1891~1974)이 발견했다.

멘델레예프가 발견한 원소의 주기율은 이후 핵물리학의 발전에 큰 기여를 했다.

그림 3-2 · 톰슨, 나가오카, 러더퍼드, 보어의 원자 모형

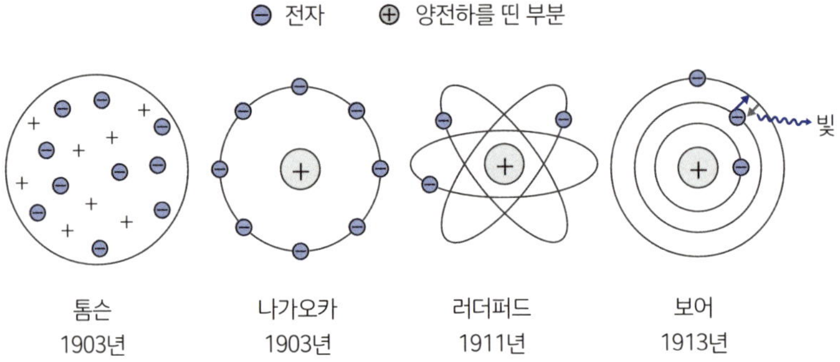

⊖ 전자   ⊕ 양전하를 띤 부분

| 톰슨 | 나가오카 | 러더퍼드 | 보어 |
| 1903년 | 1903년 | 1911년 | 1913년 |

30

 전자기파의 발견

—— 맥스웰, 헤르츠

● **일상에서 사용되는 전파의 정체는?**

스마트폰과 와이파이처럼 우리가 일상에서 사용하는 기기 중에도 전파를 이용하는 물건이 많다. TV 방송과 라디오 방송을 송출할 때도 전파를 사용한다. 우리 눈에 보이지 않는 전파의 정체는 과연 무엇일까?

전파는 특정 대역의 전자기파를 가리키는 말이다. 대한민국 전파법에서는 전파를 '국제전기통신연합(ITU)이 정한 범위의 주파수를 가진 전자기파'로 정의하며, 약 3kHz(킬로헤르츠)~3,000GHz(기가헤르츠)에 해당한다. 전파는 주로 무선 통신에 쓰인다. 3,000GHz보다 주파수가 높고 파장이 짧은 전자기파는 테라헤르츠파라고 하며,

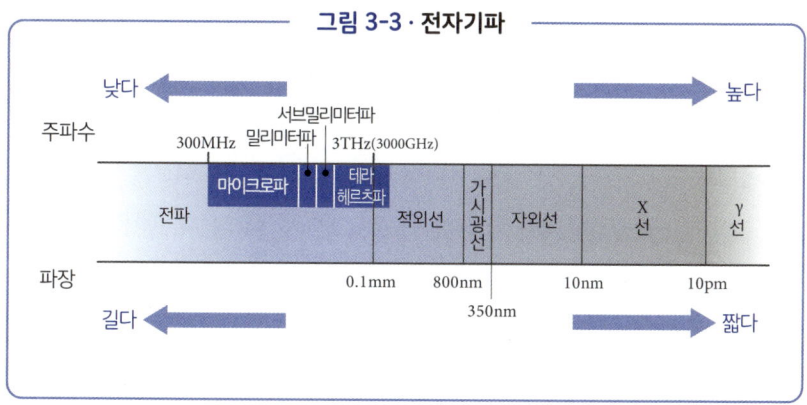

그림 3-3 · 전자기파

그보다 주파수가 높은 대역의 전자기파로는 차례로 적외선, 가시광선, 자외선, X선, γ선(감마선)이 있다.

● **전파의 발견**

전파는 언제 발견되었을까? 1820년, 덴마크의 물리학자 한스 크리스티안 외르스테드는 도선에 전류가 흐를 때 주위에 자기장이 만들어지는 전류의 자기 작용을 발견했다. 그리고 1831년에는 마이클 패러데이가 전자기 유도 현상(119쪽)을 발견했다. 사람들은 이때부터 전류 주변에서 눈에 보이지 않는 힘이 발생한다는 사실을 이해하기 시작했다.

이 눈에 보이지 않는 힘의 정체를 밝힌 인물이 제임스 맥스웰(120쪽)이다. 맥스웰은 전자기파가 서로 직각을 이루는 전기장과 자기장에 수직인 방향으로 전파되는 파동이며, 전파와 빛이 같은 원리로 전파되는 전자기파의 일종임을 맥스웰 방정식으로 증명했다.

맥스웰의 발표를 접한 헤르츠는 실제로 전자기파를 발생시켜 멀리 떨어진 장소에서 전자기파를 수신할 수 있으며, 전자기파도 빛과 마찬가지로 반사하거나 굴절한다는 사실을 확인함으로써 전파의 존재를 증명했다.

헤르츠가 사용한 통신기의 구조를 알아보자. 송신기는 이전에 소개한 그림을 참고하자(그림 2-13). 서로 가까운 두 접점 사이에 유도 코일로 만든 고전압 전류를 걸어 불꽃 방전을 일으키면 전자기파가 발생한다. 번개의 방전이 전자기파를 방출하는 현상과 같은 원리이다. 고리 모양 수신기 끝의 두 접점은 살짝 떨어져 있었고, 송신기에서 신호를 보내면 수신기의 접점 사이에서 불꽃이 생겼다. 그리고 수신기의 길이를 조절하면 특정 전파의 파장과 일치할 때 공진 현상이 나타났다. 당시에는 주파수를 맞추어 신호를 보낼 수 없었지만, 헤르츠의 실험에 사용된 전자기파의 파장은 대략 60MHz였다고 한다. 그리고 헤르츠는 안테나의 방향을 바꾸어 전파의 지향성(진행 방향)과 편파(파동이 진동하는 방향)의 차이도 확인했다.

● 라디오 방송의 시작

헤르츠가 만든 간단한 구조의 통신기에는 오늘날처럼 주파수를 변조하여 음성을 송출하는 기능이 없었다. 그러나 전자기파를 이용한 통신의 기본 원리가 밝혀지자 세계 각국은 전파를 활용한 음성 통신 기술의 연구 및 개발에 본격적으로 착수했다. 그 결과, 캐나다의 레지널드 페센든(1866~1932)은 1900년에 음성을 이용한 무선 통신에 성공했고, 1906년에는 세계 최초로 라디오 방송을 송출했다.

그림 3-4 · 음성 통신에 쓰인 교류 발전기 송신기(1906)

절대 영도의 발견

―― 보일, 샤를, 게이뤼삭, 오너스

● **절대 영도를 발견한 인물**

고온에는 한계가 없지만 저온에는 한계가 있다. 가장 낮은 온도인 절대 영도를 절대온도 켈빈으로 나타내면 0K, 섭씨온도로 나타내면 -273.15℃이다. 절대 영도는 누가, 어떻게 발견했을까?

1787년, 프랑스의 물리학자 자크 샤를(1746~1823)은 압력이 일정할 때 모든 기체의 부피가 1℃마다 '0℃일 때 부피의 273분의 1씩' 바뀐다는 사실을 발견했다. 이를 '샤를의 법칙'이라고 한다. 프랑스의 화학자 조제프 루이 게이뤼삭(1778~1850) 역시 1802년에 같은 현상을 발견했다. 샤를이 게이뤼삭보다 먼저 발견했지만, 게이뤼삭이 샤를의 연구를 정리하여 발표하면서 '게이뤼삭의 법칙'으로도 알려졌다. 샤를의 법칙 혹은 게이뤼삭의 법칙은 '압력이 일정할 때 기체의 부피는 절대 영도에 비례한다'로 정의된다.

X축이 온도, Y축이 부피인 그래프로 나타내면 우상향하는 직선이 만들어지는데, 이 그래프를 왼쪽으로 거슬러 가면 특정 온도에서 부피가 0이 된다. 그리고 부피가 일정할 때는 이 온도에서 압력이 0이 된다. 부피와 압력은 0 이하, 즉 음수가 될 수 없으므로 기체의 온도는 부피 또는 압력이 0이 되는 -273℃보다 낮아질 수 없다는 결론이 나온다.

기체의 성질을 다룬 또 다른 법칙은 바로 '보일의 법칙'이다. 샤를의 법칙과 함께 고

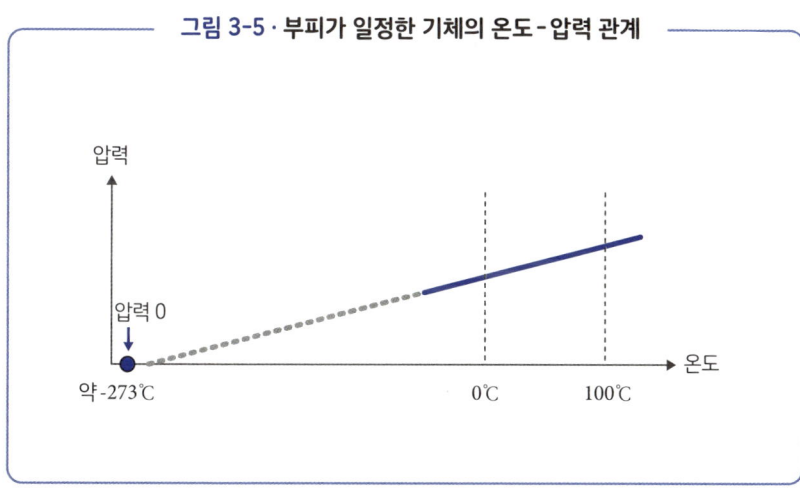

그림 3-5 · 부피가 일정한 기체의 온도-압력 관계

등학교 화학에서 배우는 보일의 법칙은 영국의 물리학자인 로버트 보일(1627~1691)이 1662년에 발견했으며, 그 내용은 '온도가 일정할 때 기체의 압력은 부피에 반비례한다'이다.

기체의 성질을 설명한 보일의 법칙과 샤를의 법칙을 묶어서 '보일-샤를의 법칙'으로 부른다. 온도가 일정할 때 기체의 상태 변화를 나타낸 보일의 법칙, 그리고 압력이 일정할 때 기체의 부피와 온도 관계를 나타낸 샤를의 법칙은 '기체의 부피는 압력에 반비례하고, 절대영도에 비례한다'라고 정리할 수 있다. 두 법칙을 하나의 법칙으로 묶은 인물이 따로 존재

그림 3-6 · 보일의 진공 펌프

하지는 않는다.

보일은 실험의 중요성을 주장한 과학자로, 1659년에는 영국의 물리학자 로버트 훅과 함께 고성능 진공 펌프를 개발하여 공기의 성질을 연구했다. 그는 진공 펌프로 용기 안의 공기를 빼면 압력이 내려가고, 공기를 넣으면 압력이 올라가는 원리를 깨닫고 실험과 관측을 반복한 끝에 보일의 법칙을 발견했다.

● 절대 영도와 초전도 현상

앞에서 절대 영도가 물질의 최저 온도로 정해진 역사를 살펴보았는데, '물질의 최저 온도'란 어떤 의미일까? 절대 영도는 이론적으로 분자의 운동이 정지한 상태이다. 열은 물질을 이루는 분자가 움직일 때 생기는 에너지에 의해 형성되며, 이를 열역학 온도라고 한다. 절대 영도가 되면 분자의 움직임이 멈추므로 절대 영도까지 온도가 내려가면 평소에는 볼 수 없는 현상이 일어난다. 초전도 현상이 대표적이다. 절대 영도에서는 초전도 현상을 일으키는 화합물, 즉 초전도체의 전기 저항이 0이 되고 전류가 끊임없이 흐른다.

초전도 현상은 네덜란드의 물리학자 헤이커 카메를링 오너스(1853~1926)가 1911

그림 3-7 · 초전도체 위에 떠 있는 자석

년에 발견했다. 당시에는 초전도 물질이 밝혀지지 않았기에 수은을 사용하여 실험했다. 오너스는 1913년에 노벨 물리학상을 받았다.

절대 영도가 되면 마이스너 효과에 의해 초전도체 내에 자기력선이 들어가지 못하게 되면서 자성 물질이 공중에 뜬다. 마이스너 효과는 1933년, 독일의 물리학자 발터 마이스너(1882~1974)와 로버트 옥센펠트(1901~1993)가 발견했다.

현재 초전도 자기 부상 열차가 실용화 단계에 들어섰으며, 의료기기인 MRI와 초전도 송전, 그리고 현재 한창 연구가 진행 중인 자기 가둠식 핵융합로의 강력한 자기장을 만드는 전자석 등에서도 초전도 현상을 응용하고 있다. 최근에는 양자 컴퓨터의 계산에 영향을 주는 열잡음을 없앨 때도 초전도 기술을 사용한다.

초전도 현상은 절대 영도에 가까운 온도에서도 일어나는데, 극저온 환경을 만들 때는 액체 헬륨(4K)이나 액체 질소(77K)가 필요하다.

초전도 현상을 일으키는 초전도체 연구도 순조롭게 진행되고 있다. 더 높은 온도에서 초전도 현상을 일으킬 수 있다면 냉각 비용이 줄어들므로, 세계 각국에서는 액체 질소보다 높은 온도에서 초전도체가 되는 고온 초전도 재료를 찾는 데 힘을 기울이고 있다.

고온에서 초전도 현상을 일으킬 수 있다면 비용을 적게 들이고도 에너지 이용 효율을 대폭 높일 수 있기에 산업계에서도 주목하고 있다.

정보 기록 기술의 발명

—— 에디슨

● 발명은 공학의 결정체

발명이란 무엇일까? 『표준국어대사전』에서는 발명을 '아직까지 없던 기술이나 물건을 새로 생각하여 만들어냄'으로 정의한다. 그리고 발견의 정의는 '미처 찾아내지 못하였거나 아직 알려지지 아니한 사물이나 현상, 사실 따위를 찾아냄'이다. 즉, 발견은 지금까지 알려지지 않은 원리를 찾아내는 일이고, 발명은 완전히 새로운 기계와 도구를 만들어내거나 원래 사용하던 물건에 혁신적인 기능을 추가하는 기술을 만들어내는 일이라고 할 수 있다.

 전자기파, 광속, 블랙홀 등 과학의 대표적인 발견 외에도 앞에서 소개했다시피 과학사에 기록된 발견은 방대하다. 그리고 증기기관, 내연기관, 비행기, 컴퓨터 같은 발명품도 셀 수 없을 정도로 많다. 여기서 우리는 발견은 주로 과학에, 그리고 발명은 기술(공학)에 속한다는 사실을 알 수 있다. 과학적 발견은 공학적으로 응용하는 방법이 고안되면서 발명으로 이어졌고, 인류 사회에 풍요를 가져왔다.

 발명이라는 말을 듣고 사람들이 가장 먼저 떠올리는 인물은 발명왕 에디슨이 아닐까? 미국의 발명가이자 사업가인 토머스 에디슨은 19세기 후반에서 20세기 초에 걸쳐 수많은 발명을 한 인물로 유명하다. 정규 교육을 받는 대신 혼자 학문을 익힌 그는, 1863년 16세의 나이로 전신 기사로서 첨단 기술의 현장에서 일하기 시작했다. 에디슨은 최첨단 분야였던 전기를 활용한 기술에 흥미를 보였고, 1870년에는 발명가로서 자립하여 사업을 시작했다. 에디슨의 대표적인 발명은 다음과 같다.

1868년	전자 투표 기록기를 발명했다.
1869년	주식 상장 표시기를 발명했다.
1871년	인쇄 전신기를 발명했다.
1877년	축음기를 발명했다.
1879년	백열전구를 개량했다(발명가는 조지프 스완).
1882년	뉴욕에서 송전 사업을 시작했다. 직류 전력을 월 스트리트의 백열전등에 공급했다.
1884년	에디슨 효과(가열했을 때 진공 유리관 안의 전극에서 전류가 한쪽으로 흐르는 현상)를 발견했다. 진공관의 기초 기술을 발명했다.
1891년	키네토스코프(영상을 상영하는 장치)를 발명했다. 이후 키네토스코프에 영감을 받은 프랑스의 뤼미에르 형제가 영화를 발명했다.
1900년	에디슨 전지(전극이 니켈과 철로 되어 있으며, 비용이 저렴하고 당시로서는 에너지 밀도가 높은 전지)를 발명했다.

● **기술의 흐름 위에 있는 발명**

에디슨은 전기의 힘으로 이미 존재하던 기술에 새로운 기능을 추가하거나 그 기술의 성능을 끌어올렸는데, 우리는 그가 전기 에너지를 이용했다는 점에 주목해야 한다. 19세기 후반~20세기 초는 전기의 힘이 사회를 크게 바꾼 시대였던 만큼 에디슨의 획기적인 발명은 시대의 흐름을 잘 탔다고도 할 수 있다.

애플 컴퓨터(현 애플)를 창립하여 누구나 손쉽게 사용할 수 있는 컴퓨터(매킨토시, 현 Mac)와 혁신적인 정보 기기인 아이폰을 만들어낸 스티브 잡스는 그야말로 현대의 에디슨으로 불려도 손색이 없다. 잡스는 정보 기술을 전적으로 활용했을 뿐만 아니라 아무도 생각지 못한 아이디어를 더해서 기존에 없던 장치를 만들어냈다.

에디슨과 잡스는 모두 당시의 최첨단 기술을 이용하여 새로운 제품과 서비스를 발명함으로써 세상을 바꾼 인물이었다.

비행기의 공기역학과 조종법의 발명

—— 릴리엔탈, 라이트 형제

● **기술의 결정체인 라이트 형제의 발명**

1903년, 라이트 형제는 최초의 유인 동력 비행기 플라이어 1호의 첫 비행에 성공했다. 그러나 이 비행기는 라이트 형제의 힘만으로 만들어졌다고는 할 수 없다. 선구자들이 쌓아 올린 지식과 경험이 있었기에 가능한 발명이었다.

플라이어 1호가 동력 비행에 성공한 배경에는 세 가지 요소가 있다. 바로 ① 주날개의 형태, ② 엔진의 경량화, ③ 조종 기술이다.

그림 3-8 · 플라이어 1호

우선 주날개의 형태(단면)부터 알아보자. 비행기의 주날개는 평평한 판이 아니라 윗면이 아랫면보다 볼록하며, 가장 볼록한 부분이 주날개의 앞전(leading edge) 쪽에 있다. 이 구조에 양력을 발생시키는 비밀이 숨어 있다. 날개가 얼마나 볼록한지, 그리고 가장 볼록한 부분이 앞전으로부터 얼마나 떨어져 있는지에 따라 주날개가 만들어내는 양력의 크기와 실속할 때의 받음각 등이 달라진다(비행기의 날개가 받는 바람의 각도를 '받음각', 그리고 임계 받음각을 넘어 양력이 감소하는 현상을 '실속'이라고 한다.-옮긴이). 날개가 지나치게 볼록하면 공기 저항(항력)이 커져 속도를 내기 어렵다.

이러한 조건들의 최적값을 찾기 위해 실험과 시험 비행을 수없이 반복하며 데이터를 남긴 인물이 있다. 바로 독일의 공학자이자 항공 연구가 오토 릴리엔탈(1848~1896)이다. 그는 1877년에 최초의 글라이더를 만들었고 1891년에는 사람이 탈 수 있는 글라이더를 만들었지만, 1896년 8월 10일 시험 비행을 하던 도중 돌풍에 휘말려 추락사하고 말았다. 다양한 종류의 날개를 만들고 2,000번 이상 활공 비행을 하며 축적한 릴리엔탈의 방대한 공기역학 자료는 플라이어 1호의 설계에 활용되었다. 만약 릴리엔탈의 업적이 없었다면 플라이어 1호의 첫 비행은 더 미뤄졌을지도 모른다.

두 번째 요소는 경량 가솔린 엔진의 발명이다. 1883년, 독일의 기계공학자 고틀리프 다임러(1834~1900)는 가볍고 효율적인 가솔린 엔진을 개발하는 데 성공했고, 1886년에는 이 엔진을 탑재한 자동차를 만들었다. 그가 세운 다임러 자동차 회사는 오늘날 메르세데스-벤츠(구 다임러-벤츠)의 전신이기도 하다. 라이트 형제가 플라이어 1호를 설계할 당시 미국에서도 가솔린 엔진을 만들 기술력은 있었지만, 소형 비행기에 탑재할 만큼 가볍지는 않았다. 그래서 라이트 형제는 직접 가벼운 가솔린 엔진을 만들기로 했다. 그렇게 만들어진 엔진의 사양은 배기량 4,000mL, 수랭식 직렬 4기통, 출력 11.77kW(약 16마력), 무게 69kg이었다. 성인 한 사람의 체중 정도였지만, 당시로서는 매우 작고 가벼운 축에 속했다. 라디에이터와 기화기 같은 보조 장치가 빠진 단순한 구조였고, 사용하는 동안 출력이 점점 떨어지는 문제 때문에 장시간 비행에는 적합하지 않았다. 그래도 사람을 태우고 짧은 시간 동안 비행하기에는 충분한 출력이었다. 플라이어 1호가 비행에 성공할 수 있었던 이유도 소형 경량 가솔린 엔진 덕분이었다.

● **비행 조종 기술의 발명**

세 번째 요소는 조종사가 비행기를 자유롭게 조종하는 메커니즘의 개발이다. 비행기의 자세를 자유자재로 바꿀 수 있게 된 점이야말로 라이트 형제의 발명이 갖는 의의라고 할 수 있다.

릴리엔탈이 개발한 글라이더는 오늘날의 행글라이더처럼 사람이 몸을 움직여 무게중심을 바꾸어 조종하는 방식이었다. 그러나 라이트 형제는 상자 모양 기체의 양 날개 끝을 비틀어 조종하는 방식을 고안했다.

비행기는 기수를 위아래로 흔드는 피치(pitch), 좌우로 기울이는 롤(roll), 기수를 좌우로 돌리는 요(yaw) 등 세 가지 움직임을 조합하여 조종한다. 상자를 비트는 움직임은 오늘날 비행기의 에일러론(보조날개)과 같은 원리로 비행기를 선회시켜 방향을 바꿀 때 기체를 기울이는 역할을 한다. 에일러론 덕에 비행기는 목표 방향으로 부드럽게 선회할 수 있다. 플라이어 1호는 위아래로 한 쌍의 날개가 달린 복엽기이므로 위 판과 아래 판만 남고 가운데가 뚫려 있는데, 날개를 비틀면 윗날개와 아랫날개의 뒷전이 올라가거나 내려가면서 오늘날 비행기의 에일러론처럼 움직인다. 오른쪽으로 선회할 때는 오른쪽 날개를 위로 비틀고, 왼쪽으로 선회할 때는 왼쪽 날개를 위로 비튼다. 좌우 보조날개는 서로 연동되어 있어 한쪽을 위로 비틀면 다른 쪽은 아래로 비틀렸다.

오늘날의 비행기는 요크(조종간)로 보조날개를 제어하지만, 플라이어 1호는 조종사가 깔고 앉은 안장을 좌우로 움직이면 이에 연결된 와이어가 움직여 날개가 비틀리는 방식이었다. 자전거 수리공이었던 라이트 형제였기에 떠올릴 법한 발상이었다.

라이트 형제가 고안한 조종 시스템에서 또 한 가지 주목해야 할 점은 주날개의 비

그림 3-9 · 플라이어 1호의 구조

틀림에 맞춰 방향타가 움직였다는 부분이다. 당시 비행 기술로는 선회할 때 단순히 기체를 기울이거나 기수를 돌리는 정도가 상식의 한계였기에 보조날개와 방향타를 연동시키는 발상은 획기적이었다. 이 시스템이 도입되면서 선회할 때 기체의 균형을 유지하며 안정적으로 비행할 수 있게 되었다. 라이트 형제는 롤을 담당하는 보조 날개와 요를 담당하는 방향타뿐만 아니라 독립된 레버로 피치를 조종하는 시스템까지 구축했다.

1903년 12월 17일 10시 35분, 20노트의 강풍이 거칠게 부는 노스캐롤라이나주 키티호크 모래사장에서 플라이어 1호는 최초의 유인 동력 비행에 성공했다. 비행시간은 단 12초, 비행 거리는 36m였다.

그로부터 120여 년이 지난 오늘날에는 500~800명의 승객을 태운 대형 여객기가 대륙을 가로지르며 날아다닌다. 단 한 세기 만에 이토록 비약적으로 발전한 비행기는 과학기술이 인류의 발전 속도를 한층 끌어올린 원동력임을 증명하는 사례이다.

3장
연표(19~20세기 초)

과학기술의 역사

19세기	1864년	맥스웰, 전자기파 방정식 발표.
	1864년	뉴랜즈, 옥텟 법칙 발표.
	1865년	멘델, 유전 법칙 발표.
	1867년	지멘스, 발전기 발명. 전등 도입.
	1869년	멘델레예프, 주기율표 고안.
	1875년	갈륨 발견. 예견된 주기율표의 특성에 부합함.
	1878년	전화의 상용화.
	1879년	스칸듐 발견. 예견된 주기율표의 특성에 부합함.
	1883년	다임러, 가솔린 엔진 개발.
	1885년	발머, 수소 스펙트럼에서 휘선의 규칙성 발견.
	1886년	저마늄 발견. 예견된 주기율표의 특성에 부합함.
	1888년	헤르츠, 전자기파 발견.
	1895년	뢴트겐, X선 발견.
	1896년	베크렐, 방사선 발견.
	1897년	톰슨, 전자 발견.
20세기	1900년	플랑크, 흑체 복사 연구 진행. 양자역학의 시초.
	1901년	노벨상 창설. 제1회 물리학상 수상자는 뢴트겐, 화학상 수상자는 판트호프(화학 반응 속도론), 의학·생리학상 수상자는 폰 베링(혈청 요법).
	1903년	나가오카, 토성형 원자 모형 발표.
	1903년	라이트 형제, 최초로 유인 동력 비행에 성공.
	1905년	톰슨, 건포도 푸딩 모형 발표.
	1905년	아인슈타인, 특수 상대성 이론 발표.
	1911년	러더퍼드, 현대 원자 모형에 가까운 원자 모형 발표.
	1913년	보어, 원자 모형 제안.

	1915년	아인슈타인, 일반 상대성 이론 발표.
20세기	1919년	러더퍼드, 원자핵 파괴 실험으로 양성자 방출 확인.
	1932년	채드윅, 중성자 발견.

세계의 주요 사건

	1840년	아편전쟁 발발.
	1848년	샤를 루이 나폴레옹 보나파르트, 대통령 선출.
19세기	1851년	런던, 제1회 만국 박람회 개최.
	1861년	미국, 남북전쟁 발발.
	1869년	수에즈 운하 완공.
	1892년	에디슨, 제너럴일렉트릭(GE) 설립.
	1901년	마르코니, 대서양을 횡단하는 장거리 무선 통신에 성공.
	1912년	타이타닉호 침몰 사고 발생.
20세기	1914년	파나마 운하 완공.
	1914년	제1차 세계 대전 발발.
	1920년	국제연맹 창립.
	1929년	대공황 발생.

제4장

과학기술의 눈부신 도약

20세기

상대성 이론의 발표, 물리학을 바라보는 새로운 시각

—— 아인슈타인

● **특수 상대성 이론**

인류가 문자로 기록을 남기기 시작한 지 어느덧 수천 년이 지났다. 다른 이들과 문자로 소통할 수 있게 되면서 인류는 서로를 더욱 깊이 이해하게 되었다. 문자는 언어로 공동체의 사고와 의사를 하나로 묶고, 무언가에 관한 이미지를 함께 공유할 수 있게 해주는 수단이었기 때문이다. 우리가 추상적인 개념을 상상하고 이를 다른 사람과 공유할 수 있는 이유도 언어 덕분이다. 원시 종교적인 개념이 탄생한 배경 역시 이와 일맥상통할 것이다. 문자의 발명을 계기로 인류는 자신이 발붙이고 사는 세상의 실체를 고찰하기 시작했고, 문명마다 독자적인 세계관이 구축되었다.

그러나 이 세계관은 불완전하기 그지없었다. 기존에 사람들이 믿던 세계관은 16세기에 천동설에서 지동설로 바뀌었다. 1543년, 코페르니쿠스는 태양을 중심으로 지구가 돈다는 오늘날의 태양계를 제시했다. 지동설의 등장은 사람들이 믿던 세계관과 우주관이 한순간에 뒤집히는 엄청난 사건이었다. 이처럼 가치관을 뿌리부터 뒤흔드는 변화를 '코페르니쿠스적 전환'이라고 한다.

지동설에 버금가는 혁신적인 이론이 20세기 초에 등장했다. 바로 아인슈타인이 1905년에 발표한 '특수 상대성 이론'이다. 이는 광속 불변의 원리와 함께 등속 직선 운동 중인 관성 좌표계에서는 항상 같은 물리 법칙이 적용된다는 내용을 담고 있다. 특수 상대성 이론의 등장으로 절대 변하지 않는 존재는 광속뿐임을 알 수 있게 되었고, 시간과 공간은 늘어나거나 줄어들 수 있는 개념이 되었다. 로켓이 광속으로 날아간다고 가정할 때, 속도가 광속에 가까워질수록 로켓은 진행 방향으로 수축하는 것처럼 보인다. 이때 시간 역시 천천히 흐르며, 질량은 점점 증가하다가 광속에 도달하면 무한대가 된다. 아인슈타인은 이를 통해 질량과 에너지가 근본적으로 같다는 '질량-에너지 등가 원리'를 도출했다.

뉴턴 이래로 절대적인 좌표인 줄 알았던 시간과 공간에 대한 상식이 무너졌으니, 그야말로 지동설이 확립된 지 350년 만에 코페르니쿠스적 전환이 찾아온 셈이다.

질량과 에너지가 등가임이 밝혀지면서 원자핵의 에너지를 인위적으로 방출하고, 이를 활용할 가능성이 열렸다. 이러한 관점에서도 특수 상대성 이론은 혁명적이었다.

● **일반 상대성 이론**

아인슈타인이 1915년에 발표한 '일반 상대성 이론'은 중력에 관한 이론이다. 그는 질량이 있는 물체에 의해 주위 시공간에 왜곡이 발생할 때 중력이 만들어진다고 생각했다. 잘 와닿지 않는다면 이렇게 생각해보면 어떨까. 고무판 위에 무거운 공을 올

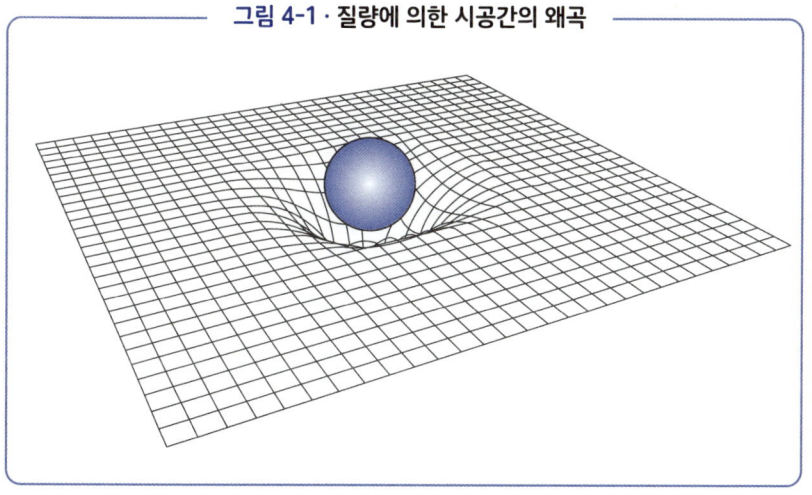

그림 4-1 · 질량에 의한 시공간의 왜곡

리면 고무판은 무게를 버티지 못하고 움푹 들어가는데, 이것이 중력의 작용이다.

거대한 중력에 공간이 왜곡되는 현상은 1919년 5월 29일 개기일식 당시 영국의 천문학자 아서 에딩턴(1882~1944)에 의해 발견되었다. 그는 태양과 가까운 항성을 관측했는데, 항성이 태양의 중력에 의해 왜곡된 공간을 통과하면서 실제 위치와 약간 어긋난 위치에서 발견되었다. 이는 질량이 존재하면 주위의 시공간이 왜곡된다는 아인슈타인의 설을 뒷받침하는 증거가 되었다.

오늘날에도 중력에 의해 왜곡된 공간이 우주에 존재한다는 증거가 차례차례 발견되고 있다. 중력 렌즈 효과도 그중 하나이다. 블랙홀처럼 질량이 큰 천체가 있으면 그 뒤에 있는 천체의 빛이 가늘고 길게 늘어난 형태로 보이는데, 이 역시 중력 렌즈 효과 때문이다. 최근에는 미국항공우주국(NASA)과 유럽우주국(ESA)이 공동 운영하는 허블 우주 망원경, 그리고 NASA의 제임스 웹 우주 망원경(JWST) 같은 고성능 우주 망원경을 통해 중력 렌즈 효과로 왜곡된 천체들이 발견되고 있다.

한편, 암흑 물질은 은하 질량의 약 27%를 차지하지만 직접 관측할 수 없는데, 이 암흑 물질이 일으키는 중력 렌즈 효과를 분석하여 암흑 물질의 분포와 양을 밝혀내려는 연구도 진행되고 있다.

● **중력파 망원경**

중력 자체를 검출하려는 시도도 진행 중이다. 우주에는 질량이 거대한 블랙홀끼리 충돌하여 합쳐진 천체도 존재하며, 그 주변 공간에는 매우 큰 왜곡이 발생한다. 과학자들은 중력파의 형태로 우주 공간을 넘어 전달되는 왜곡을 검출하려 하고 있다. 미국, 이탈리아, 독일, 일본에 설치된 중력파 망원경이 우주 저편에서 날아오는 중력파를 포착하기 위해 대기하고 있다. 2016년 2월에는 미국의 중력파 망원경이 10억 광년이 넘는 거리에서 거대 블랙홀끼리 합쳐지면서 발생한 중력파를 포착했다. 아인슈타인의 중력 이론은 이렇게 최첨단 관측 기술로 증명되었다.

미국 루이지애나주와 워싱턴주에는 LIGO, 일본에는 KAGRA(옛 명칭은 LCGT)라는

그림 4-2 · KAGRA

© Christopher Berry

중력파 망원경이 있다. 기후현 가미오카초에 위치한 KAGRA는 지하 200m보다 깊이 수직으로 파고 내려가 서로 직각으로 교차하는 길이 3km짜리 터널 내부에 설치된 망원경으로, 다음과 같이 작동한다. 한 광원에서 반투명 거울에 비추어 경로가 둘로 나뉘도록 레이저를 발사한다. 그리고 관측 장치 반대편 거울에 반사된 빛을 관측한다. 만약 중력파가 존재한다면 공간이 왜곡되어 세로 방향과 가로 방향의 길이가 약간 다르고 빛이 전달되는 속도도 달라지므로, 다시 반투명 거울로 돌아온 빛의 간섭무늬를 통해 중력파를 검출할 수 있다. 그러나 3km 길이의 터널로는 극히 미세한 광속의 차이를 포착하기 힘들기 때문에, 거울로 레이저를 여러 번 왕복시켜서 레이저의 이동 거리를 늘리는 방식을 택했다.

LIGO와 KAGRA 외에도 유럽을 중심으로 운영되는 국제 공동 연구 시설인 VIRGO와 GEO600이라는 연구 시설이 각각 이탈리아와 독일에 있다. VIRGO는 처녀자리를 뜻하는 말로, 처녀자리 방향으로 지구에서 5,900만 광년 떨어진 은하의 집단인 처녀자리 은하단을 관측할 수 있다. 처녀자리 은하단은 지구에서 가장 가까운 은하단이며, 약 2,500개의 은하가 한곳에 밀집해 있는 천체 관측의 명소이다.

우주에 중력파 관측 위성을 쏘아 올려 레이저로 중력파를 검출하는 ESA의 레이저 간섭계 우주 안테나(LISA)도 한창 프로젝트를 진행하고 있다. 우주 공간에서는 지구의 크기에 구애되지 않고 관측의 기선(두 관측점 사이의 물리적 거리-옮긴이)을 늘릴 수 있으므로 유의미한 발견을 기대할 수 있다. LISA에서는 기선의 길이(위성 3대 사이의 간격)가 무려 250만 km나 되는데, 이는 달과 지구 사이의 거리보다 6배 이상 길다. 기선이 길수록 공간 분해능도 높다.

시공간과 중력의 관계를 설명한 아인슈타인의 상대성 이론이 너무나도 난해했던 나머지, 발표를 접한 당시 사람들은 좀처럼 받아들이지 못했다. 그러나 최신 중력파 관측 장치는 아인슈타인의 이론이 옳았음을 입증했다.

그리고 20세기에는 물리학계에 또 다른 코페르니쿠스적 전환이 일어났으니, 바로 양자역학의 등장이다.

진공 방전관의 발명과 X선

―― 뢴트겐, 가이슬러, 크룩스, 플뤼커

● 진공 방전의 시초, 가이슬러관

X선은 1895년, 독일의 물리학자 빌헬름 뢴트겐(1845~1923)에 의해 발견되었다. X선이 발견되기 전에는 진공 상태에 가까운 유리관 내부에 높은 전압을 걸어 방전시키는 실험이 주류였다.

가이슬러관은 이 실험에 사용되었던 초창기 도구였다. 1857년, 독일의 물리학자 하인리히 가이슬러(1814~1879)는 유리관 내부를 대기압의 1,000분의 1 정도인 수 헥토파스칼까지 압력을 낮춘 다음 전극에 높은 전압을 걸어 방전 현상을 일으켰다. 그러자 유리관 내부에 일부 남아 있던 기체의 종류에 따라 방전의 색깔이 다르게 나타났다.

같은 시기에 독일의 물리학자 율리우스 플뤼커(1801~1868)도 가이슬러관으로 비슷한 실험을 진행했다. 1859년에 진행한 그의 실험에서는 기체가 희박한 환경에서 방전 현상을 일으키자 전극과 가까운 유리관에서 형광이 나타났고, 자기장을 발생시키면 형광이 나타나는 위치가 바뀌었다.

영국의 물리학자 윌리엄 크룩스(1832~1919)는 1875년에 크룩스관을 발명했다. 유리관 내부에 약 0.1헥토파스칼(hPa), 즉 대기압의 1만분의 1이라는 진공에 가까운 환경을 조성하고 전극에 높은 전압을 걸자 유리관이 형광으로 빛났다. 그는 음극에서 전하를 띤 입자가 튀어나오기 때문이라고 추측했다.

플뤼커 역시 방전 중인 유리관에 자기장을 발생시키면 빛나는 위치가 바뀌는 현상을 근거로 음전하를 띤 입자가 튀어나온다고 생각했다. 그와 함께 연구를 진행했던 독일의 물리학자 요한 히토르프(1824~1914)도 자기장에 의해 음극에서 방출된 입자의 경로가 휘는 현상을 발견했다.

1876년, 독일의 물리학자 오이겐 골트슈타인(1850~1930)은 음극에서 방출된 전하 입자의 흐름을 '음극선'으로 명명했다. 1897년에는 조지프 존 톰슨이 음극에서 방출된 입자의 정체가 '전자'임을 알아냈다.

이처럼 획기적인 과학기술의 발견과 일련의 연구는 원자핵 구조 규명과 뢴트겐의 X선 발견으로 이어졌다.

● X선의 발견

1895년, 뢴트겐은 내부를 진공으로 만든 크룩스 관에 전극을 넣고 높은 전압을 거는 진공 방전 실험을 진행했다. 그는 음극선을 유리관 밖으로 빼내는 장치로 음극선의 성질을 연구했는데, 이는 독일의 물리학자 필리프 레나르트(1862~1947)가 1892년에 개발한 장치였다.

크룩스관 자체의 발광이 미치는 영향을 배제하기 위해 유리관을 까만 보드지로 감싼 다음 어두운 방에서 방전관의 스위치를 켜자 수 m 떨어진 형광판이 빛났다. 음극선은 공기가 존재하는 공간에서는 멀리 이동할 수 없다. 그런데 수 m 거리에 있는 형광판이 빛났다면, 이는 음극선 때문이 아니라는 뜻이 된다. 실제로는 눈에 보이지 않는 미지의 빛이 방전관에서 나왔기 때문이었다. 이 '빛'은 방전관과 형광판 사이에 종이나 나무 같은 물체가 있어도 통과했다. 그러나 이 빛은 뼈를 투과하지 않기 때문에 손을 내밀면 손 안쪽에 있는 뼈의 형태가 형광판에 그대로 찍혔다. 심지어 밀도에 따라 투과율이 달라 사진에 그러데이션도 묘사되었다. 이 사진을 본 뢴트겐은 깜짝 놀랐다. 그러나 이 빛의 정체를 알 수 없었던 그는 미지수를 뜻하는 기호 X에서 따와 수수께끼의 빛을 'X선'이라는 이름으로 학회에 소개했다.

인체를 투과하는 빛으로 사진을 찍어 뼈의 상태를 확인할 수 있게 되면서 의료 분야가 눈부시게 발전했음은 두말할 필요도 없다. 뢴트겐이 발견한 X선은 전 세계의 찬사를 받았고, 1901년 제1회 노벨 물리학상은 뢴트겐에게 돌아갔다. 1905년에는 음극선을 발견한 레나르트가, 1년 후인 1906년에는 조지프 존 톰슨이 기체에 의한 전기 전도 연구로 노벨 물리학상을 받았다.

● X선 분광법

빛처럼 회절하는 성질이 있는 X선은 물질의 세포 구조를 조사할 때도 쓰인다. 독일의 물리학자 막스 폰 라우에(1879~1960)는 X선의 파장이 원자를 구성하는 입자 사이의 거리와 비슷하다는 점을 이용하여 결정에 X선을 쏘면 구조에 따라 회절하는 현상을 발견했다. 이를 활용한 X선 분광법은 수많은 공학적 성과의 바탕이 되었다. 라우에는 이 업적을 인정받아 1914년에 노벨 물리학상을 받았다.

의료용 X선은 X선관에서 방전을 일으켜 만드는 방법 외에 또 다른 방법도 있다. 직진하는 전자의 경로를 자석으로 급격하게 바꾸는 방법이다. 갑자기 진로가 바뀐 전자는 X선이 포함된 방사광을 발산하는데, 이 방사광을 장치 밖으로 빼낼 수 있다. 이를 방사광 시설이라고 하며, 일본 효고현 하리마과학공원도시에 위치한 SPring-8이 대표적이다. 지름 약 500m(전체 길이는 1.5km)의 원형 가속기로 입자를 광속 가까이 가속하여 급격하게 진로를 바꿔서 얻은 빛(전자기파)을 외부로 빼내는 시설이다.

36

  방사능의 발견과 핵물리학의 발달

―― 러더퍼드, 베크렐, 퀴리

● **방사선을 발견한 베크렐**

X선의 발견은 방사선과 방사능의 발견으로 이어졌다. 방사능은 외부에서 자극을 받지 않아도 자연히 방사선을 내뿜는 성질 혹은 능력을 뜻하며, 방사능이 있는 물질을 방사성 물질이라고 한다.

최초로 자연계의 방사선을 발견한 인물은 프랑스의 물리학자인 앙리 베크렐(1852~1908)이다. 1896년, 뢴트겐이 X선을 발견했다는 소식에 자극받은 베크렐은 형광 물질과 X선의 관계를 연구하기 시작했다. 사진 건판을 검은 종이로 가려서 빛을 차단하고 그 위에 우라늄 광석을 두면 사진 건판이 감광하여 빛이 닿은 부분이 검게 변한다. 건판을 검은 종이로 감싸서 빛은 들어오지 않는데 건판은 왜 감광했을까? 그 이유는 빛 때문이 아니라 눈

그림 4-3 ·
앙리 베크렐

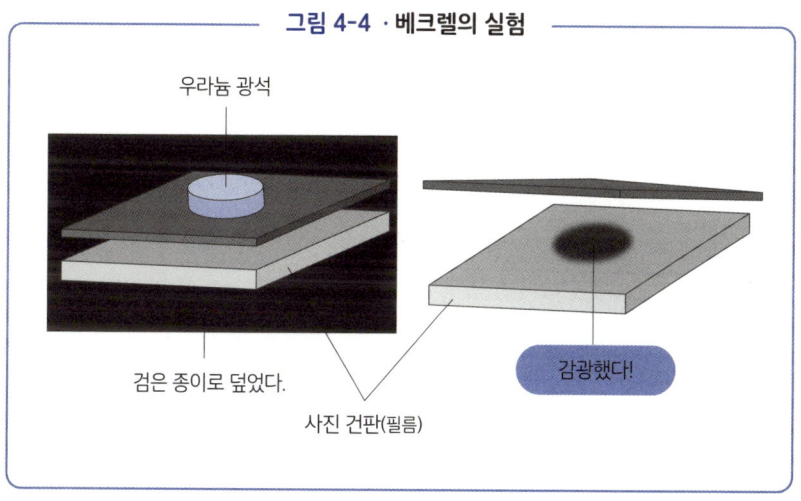

그림 4-4 · 베크렐의 실험

우라늄 광석
검은 종이로 덮었다.
사진 건판(필름)
감광했다!

에 보이지 않는 방사선 때문이다. 방사선은 이렇게 발견되었다.

프랑스의 물리학자 마리 퀴리(1867~1934)와 피에르 퀴리(1859~1906) 부부는 베크렐이 발견한 우라늄 방사선의 정체를 밝히기 위해 연구에 몰두했고, 1898년에 폴로늄과 라듐이라는 방사성 원소를 발견했다.

방사성 원소는 방사능이 있는 원소, 즉 방사선을 내뿜는 원소를 가리킨다. 원자핵이 불안정한 원소는 스스로 방사선을 내뿜으며 붕괴한 끝에 다른 원소로 바뀐다.

원자는 원자핵과 전자로 이루어져 있고, 전자는 원자핵 주위를 돌고 있다(양자역학에서는 전자가 원자핵 주위에 확률적으로 구름처럼 존재한다고 설명한다). 전자 1개의 질량은 양성자 1개의 약 1,840분의 1이므로 원자의 질량은 양성자와 중성자의 질량에 따라 결정된다. 일반 수소 원자(Protium, 1H)는 원자핵에 양성자 1개가 있고 전자 1개가 그 주위를 돌고 있는 구조이다. 그러나 원소에는 일반 원소와 중성자 수가 다른 동위원소도 있다. 가령 원자핵에 양성자 1개와 중성자 1개가 있는 중수소(Deuterium, 2H), 중성자가 2개인 삼중수소(Tritium, 3H)는 수소의 동위원소이다. 중수소는 자연에 존재하는 수소 중 0.02%를 차지하며, 그보다도 적은 삼중수소는 약한 방사선을 방출하고 반감기는 약 12년이다. 반감기는 방사선을 방출하는 과정에서 원자핵의 절반이 다른 원소로 바뀌는 데 걸리는 시간이다.

● 방사성 원소 라듐을 발견한 퀴리 부부

퀴리 부부가 1898년에 발견한 방사성 원소 라듐은 우라늄 광석에서 추출하는데, 우라늄 광석 수 톤을 캐도 얻을 수 있는 라듐의 양은 아주 미미했다. 두 사람은 라듐과 폴로늄을 발견한 공로로, 방사선을 발견한 베크렐과 함께 1903년에 노벨 물리학상을 받았다. 마리 퀴리는 1911년에 노벨 화학상도 받았다.

● 방사선의 정체는 무엇일까?

지금까지 19세기 말에서 20세기 초에 걸쳐 방사선이 발견된 일련의 과정을 알아보았다. 그렇다면 방사선의 정체는 대체 무엇일까?

1898년, 영국의 물리학자 어니스트 러더퍼드는 우라늄에서 알파(α)선과 베타(β)선을 발견했다. 그리고 1900년에는 프랑스의 물리학자 폴 비야르(1860~1934)가 우라늄에서 방출되는 방사선에서 감마(γ)선을 발견했다.

알파선은 방사성 원소가 자발적으로 붕괴할 때 방출되는 방사선으로, 정체는 헬륨의 동위원소 헬륨-4(^4He)의 원자핵이다. 헬륨-4의 원자핵은 양성자 2개와 중성자 2개로 이루어져 있으며, 입자가 무거워 약 수 cm밖에 이동하지 못한다. 그리고 종이 한 장 두께에 가로막힐 정도로 투과력도 약하다. 정체가 원자핵인 만큼 양전하를 띠고 있어 자기장을 가하면 경로가 꺾인다.

베타선 역시 방사성 원소가 자발적으로 붕괴할 때 원자핵에서 방출되는 방사선인데, 정체는 전자이다. 투과력은 알파선 다음으로 약하며, 이동 거리는 약 1m 정도이다. 음전하를 띠고 있어 자기장 안에서는 알파선과 반대 방향으로 꺾인다.

마지막으로 감마선은 원자핵이 붕괴할 때 원자핵에서 나오는 전자기파이다. 투과력은 X선과 비슷하지만, 우리에게 노출되는 자연계의 방사선은 극미량에 불과하므로 그 정도의 방사선에 노출된 환경에서 진화해온 인류에게 문제가 될 정도는 아니다. 그러나 일정 세기 이상의 방사선이 인체에 노출되면 위험하다.

 이처럼 20세기 초에는 물질의 최소 단위가 원자이고, 원자는 원자핵과 전자로 이루어져 있으며, 일부 원소는 방사선을 방출하며 자발적으로 붕괴한다는 등 원자의 성질이 하나둘씩 밝혀졌다. 이 당시 얻은 과학적 성과는 X선을 이용한 의료 기술과 비파괴 검사, 분광법을 활용한 결정 구조 해석, 방사광 시설 내 입자의 기술적 활용 등으로 이어졌다. 방사선을 발견한 러더퍼드는 1908년에 노벨 화학상을 받았다.

양자역학의 등장

—— 플랑크, 아인슈타인

● **물리학의 완성을 선언한 켈빈 경**

19세기 후반~20세기 초에 걸쳐 원자에 관한 정보가 축적되면서 원자의 형태 역시 명확해졌다. 물질을 계속 나누다 보면 원자에 도달하게 되는데, 원자는 양성자와 중성자로 이루어진 원자핵과 그 주위를 위성처럼 도는 전자로 구성되어 있다. 이는 과학자들이 실험으로 하나하나 밝혀낸 결과의 집대성이었다. 한편, 맥스웰이 완성한 전자기학은 고전역학(뉴턴 역학)으로 설명할 수 있는 내용을 바탕으로 하는 학문이었다. 더 나아가 "물리학은 완성되었다"라고 단언한 과학자도 있었다.

절대온도 단위에 자신의 이름을 남긴 영국의 물리학자 윌리엄 톰슨, 통칭 켈빈 경(113쪽)은 1900년 강연에서 두 가지를 제외하면 물리학은 완성되었다고 선언했다.

켈빈 경이 지목한 두 문제는 빛의 정체와 흑체 방사였다. 그 전까지는 빛을 전달하는 매질인 에테르가 우주를 채우고 있다고 여겨졌으나, 1887년 마이컬슨-몰리 실험을 통해 에테르는 존재하지 않는 물질로 판명되었다. 그리고 열에 의해 방출되는 빛의 색과 온도의 관계 역시 아직 밝혀지기 전이었다.

19세기 말은 고전물리학(뉴턴 역학)이 어느 정도 완성된 동시에 새로운 문제가 싹트는 시대였다. 물리학계를 뿌리부터 뒤집은 양자역학은 이러한 배경 속에 탄생했다.

● **양자역학의 시초, 플랑크**

양자역학의 시초를 묻는다면 누구나 플랑크를 꼽을 것이다. 독일의 물리학자 막스 플랑크(1858~1947)는 원래 열복사를 연구하고 있었다. 정확히는 용광로의 고온에 녹은 철에서 복사된 열과 색에 관한 연구였다. 당시 근대화의 물결과 함께 광업이 기간산업으로 번창했다. 철광석에서 양질의 철제품을 만들려면 용광로의 온도 관리가 중요했기에 제철 공장의 직인들은 녹은 철의 색을 보고 온도를 판단했다. 양질의 철을 위해서는 정밀한 온도 관리가 필수였다. 플랑크는 녹은 철의 색과 온도의 관계에 주목했다. 당시 물리학에 따르면 진동수가 큰 빛(파장이 짧은 청색 계열 빛)일수록 밝아야 했다.

그러나 실제로 측정한 결과는 그렇지 않았다. 빛의 온도가 높을수록 진동수가 가장 큰 구간(가장 밝은 구간)이 다르게 측정되었다. 그리고 실제로 가장 밝은 점은 절대온도에 비례했다.

기존에는 진동수와 빛의 밝기를 '레일리-진스 법칙'으로 설명했다. 영국의 물리학자 레일리 경(1842~1919. 본명은 존 윌리엄 스트럿. 1904년 노벨 물리학상 수상)과 제임스 진스

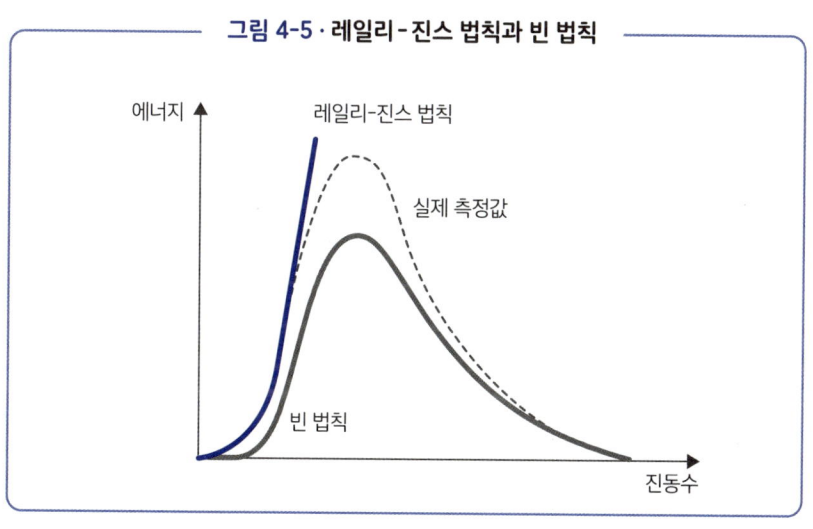

그림 4-5 · 레일리-진스 법칙과 빈 법칙

경(1877~1946)이 제안한 법칙이다.

독일의 물리학자 빌헬름 빈(1864~1928. 1911년 노벨 물리학상 수상)이 제안한 '빈 법칙'도 있다. 레일리-진스 법칙은 진동수가 낮은 빛(적색 계열)에서는 실험값과 맞았지만 높은 진동수에서는 맞지 않았고, 반대로 빈 법칙은 진동수가 높은 빛(청색 계열)에서는 맞았지만 낮은 진동수에서는 맞지 않았다.

그래서 플랑크는 두 공식을 참고하여 실험 결과에 항상 들어맞는 식을 고안했다. 분모에 -1이 포함된 새로운 식을 적용하자 어째서인지 실험값과 계산 결과가 정확하게 일치했다. 플랑크 본인도 그 이유는 알지 못했지만, 그는 서둘러 논문을 집필하여 1900년 12월 14일 베를린에서 열린 독일 물리학회에서 발표했다. 흑체 복사와 두 법칙의 관계를 규명하는 것이 주요 논제였던 당시 학회에 참가했던 연구자들은 플랑크의 발표를 듣고 놀라움을 감추지 못했다.

그림 4-6 · 플랑크 법칙

$$U(v)dv = \frac{8\pi k\beta}{c^3} \frac{1}{e^{\beta v/T}-1} v^3 dv$$

출처: 일본 규슈대학 홈페이지

이 식이 연구자들에게 신선한 충격을 준 이유는 연속적인 줄 알았던 빛에너지가 사실 불연속적인 값으로 드러났기 때문이다. 이는 빛의 정체가 파장이 아니라 입자임을 뜻했고, 당시 정설이었던 빛의 파동설을 반박하는 증거가 되었다.

플랑크는 에너지가 띄엄띄엄 변화한다면 특정 진동수의 빛이 지닌 에너지를 '상수×진동수(hv)'로 나타낼 수 있다고 생각했다. 그리고 그는 에너지가 hv의 정수배로 커진다는 가설을 세웠는데, 이것이 바로 플랑크의 양자 가설이다. v(뉴)는 진동수, h는 플랑크 상수이다. 빛에너지는 hv, $2hv$, $3hv$, $4hv$…처럼 hv의 정수배로 커진다.

양자역학은 빛에너지가 불연속적인 값이라는 플랑크의 아이디어에서 탄생했다.

● 아인슈타인의 광양자 가설

1905년, 아인슈타인이 발표한 광양자 가설은 광전 효과로 튀어나온 입자에 관한 이론이다. 광전 효과란 금속 표면에 빛을 비췄을 때 빛의 입자에 의해 전자가 튀어나오는 현상이다. 빛의 파장이 짧을수록(진동수가 높을수록) 전자가 세게 튀어나온다. 광전 효과 자체는 1887년에 헤르츠에 의해 발견되었고, 튀어나오는 입자가 전자라는 사실도 이미 알려져 있었다.

아인슈타인은 광양자 가설로 진동수가 v인 빛은 hv라는 단위의 에너지가 된다고 주장했다. 여기서 광양자는 오늘날 알려진 기본 입자 중 하나인 광자를 가리킨다.

19세기 말, 빛의 정체는 파동으로 매듭지어졌으나 플랑크와 아인슈타인에 의해 빛의 입자성이 증명되면서 빛과 전자는 파동인 동시에 입자이기도 한 신비한 존재임이 밝혀졌다.

아인슈타인은 광양자 가설을 통해 광전 효과를 규명한 공로로 1921년에 노벨 물리학상을 받았다. 특수 상대성 이론(1905)과 일반 상대성 이론(1915) 같은 업적이 있음에도 광전 효과가 노벨상 수상의 근거가 된 이유는 양자역학을 설명하는 이론적 계기를 마련했다는 점에 과학사적 의의를 두었기 때문이다.

그러나 아인슈타인 본인은 빛이 파동이기도 하고 입자이기도 하다는 애매한 상황을 탐탁지 않아 했고, "신은 주사위 놀이를 하지 않는다"라며 양자역학에 불쾌감을 내비쳤다. 신은 주사위를 던져 우연히 나온 눈으로 자연계의 일을 결정하지 않고, 이론적인 근거에 따라 자연을 지배하므로 우리가 모르는 법칙과 변수가 숨어 있다는 뜻이 함축된 말이다.

뉴턴 이래로 정립되어 체계적이고 이론적으로도 완성된 고전역학을 무너뜨리려면 그만한 용기가 필요하다. 그러나 오늘날 반도체, 양자 컴퓨터, 양자 암호 등 여러 분야에서 양자역학을 공학적으로 응용하고 있으므로 학문의 이론적 타당성은 입증된 셈이다.

양자역학의 완성

—— 드브로이, 슈뢰딩거, 하이젠베르크, 보어, 파울리

● 양자역학의 완성

플랑크의 등장으로 물리학은 20세기를 맞이하는 동시에 새로운 단계에 들어섰다. 양자역학은 기존 물리학의 상식과 동떨어진 학문이었다. 빛에너지가 불연속적인 값을 보인다는 플랑크의 주장부터 이미 이질적이었다. 오늘날 우리는 컴퓨터가 디지털 신호를 처리하기 위해 0과 1이라는 기호로 불연속적인 계산을 한다는 사실을 알고 있으므로 상상하기 쉬울지도 모른다. 하지만 당시 사람들은 모든 에너지와 물질의 위치와 형태가 연속적으로 매끄럽게 바뀐다고 생각했다. 뉴턴 역학의 대표적인 공식인 $F=ma$처럼 조화로운 세계만이 상식이었다.

1900년 학회에서 플랑크가 발표한 법칙을 들은 물리학자들은 놀라움을 표했지만, 그가 증명한 법칙이 무엇을 뜻하는지 이해한 사람은 아무도 없었다. 법칙을 발표한 플랑크 본인조차 이해하지 못했다. 무언가 오류가 있으리라고 생각한 사람도 있었고, 고전물리학 이론으로 설명할 수는 없을지 연구하는 사람도 있었다.

1905년, 아인슈타인이 발표한 광전 효과와 광양자 가설로 미시 입자가 파동성과 입자성을 모두 가지고 있다는 사실이 밝혀졌다.

금속판에 빛을 비추면 전자가 튀어나온다. 이때 빛의 세기를 키워도 튀어나오는 전자의 운동에너지는 커지지 않는다. 그러나 높은 진동수의 빛을 비추면 운동에너지가 큰 전자가 세차게 튀어나온다. 전자의 에너지는 빛의 세기가 아니라 진동수와 관련 있기 때문이다. 이때 광자의 에너지는 '플랑크 상수×진동수($e=hv$)'로 나타낸다. 이는 빛의 이중성, 즉 파동성과 입자성을 이해하는 중요한 연결고리이기도 했다.

1923년, 프랑스의 물리학자 루이 드브로이(1892~1987)는 광자가 입자인 동시에 파동의 성질도 가지고 있다면 물질 역시 파동의 성질을 가지고 있다는 '물질파(드브로이파)' 개념을 주장했다. 물질이 파동성을 가지고 있다니 무슨 의미일까? 전자가 물결처럼 흔들리며 이동한다는 뜻일까? 그렇지 않다. 파동의 진폭이 큰 부분이 집중된 곳에 물질이 존재하는 이미지를 생각해보자.

이는 슈뢰딩거의 파동 방정식으로 이어졌다. 물질파는 그야말로 양자역학의 바탕을 이루는 파동역학의 기초 개념이었다. 물질파는 미국의 물리학자 클린턴 데이비슨(1881~1958)과 레스터 저머(1896~1971)가 1927년에 진행한 실험(데이비슨-저머 실험)으로 증명되었다. 금속 위의 전자가 산란하는 패턴을 통해 전자의 파동성이 입증되었기 때문이다.

● 양자역학을 완성한 슈뢰딩거

오스트리아의 물리학자 에르빈 슈뢰딩거(1887~1961)의 파동 방정식은 드브로이의 물질파에서 영감을 얻어 만들어졌다. 파동의 진폭이 큰 부분이 집중된 곳에 물질이 존재한다는 말은 물질의 존재를 확률적으로 나타낼 수 있다는 뜻이기도 하다. 1926년, 슈뢰딩거는 이를 파동 방정식으로 나타냈다. 파동 방정식이 등장하면서 비로소 양자역학이 확립되었다.

그 전해인 1925년에는 독일의 물리학자 베르너 하이젠베르크(1901~1976)가 행렬역학을 발표했는데, 이는 나중에 파동 방정식과 물리적으로 동등한 내용임이 증명되었다. 하이젠베르크는 1927년에 양자역학을 대표하는 원리인 '불확정성 원리'를 주장했다. 전자를 비롯한 미시 세계의 기본 입자는 위치와 운동량을 동시에 결정할 수 없다는 내용으로, 다음처럼 간단한 수식으로 나타낼 수 있다.

$$\triangle x \triangle p \geqq \frac{h}{4\pi}$$

x는 위치, p는 운동량, h는 플랑크 상수이다. x나 p가 0이 되면(확정되면) 다른 한쪽을 구할 수 없게 된다. 그리고 두 값의 곱은 항상 플랑크 상수보다 크다. 즉, 위치와 운동량은 동시에 확정할 수 없다.

하이젠베르크와 슈뢰딩거뿐만 아니라 여러 천재에 의해 양자역학은 한층 완성도 높은 학문으로 거듭났다. 하이젠베르크와 함께 행렬 방정식을 정립하고 양자역학을 통계적으로 해석한 독일의 물리학자 막스 보른(1882~1970), 그리고 1924년에 전자 궤도의 제한에 관한 법칙성인 파울리 배타 원리를 발견한 스위스의 물리학자 볼프강 파울리(1900~1958)가 대표적이다.

● 보어의 코펜하겐 해석

양자역학이 확립되는 과정을 설명할 때 빠뜨려서는 안 될 또 다른 인물이 있다. 바로 덴마크의 물리학자 닐스 보어이다. 보어는 1913년, 러더퍼드의 원자 모형(151쪽)의 단점을 보완하기 위해 플랑크의 양자 가설, 즉 불연속적인 에너지값을 도입한 원자 모형을 제시했다.

러더퍼드의 원자 모형은 원자핵 주위를 전자가 돌고 있는 형태인데, 고전역학에 따르면 전자는 회전하면서 에너지를 잃고 원자핵 쪽으로 낙하한다. 보어는 이를 바로잡기 위해 전자 궤도가 특정 진동수 조건과 양자 조건을 따른다는 가정을 세웠고, 불연속적인 값을 가진 전자가 정해진 궤도를 따라 돈다면 에너지를 잃지 않는다는 이론을 구축했다. 그리고 전자가 빛을 방출하는 조건은 전자가 다른 궤도로, 즉 높은 궤도에서 낮은 궤도로 이동할 때로 여겼다. 보어가 제시한 원자 모형은 원자를 양자역학적으로 해석한 최초의 모형이었다.

보어는 덴마크 코펜하겐에 닐스 보어 연구소를 세우고 양자역학 연구를 진행했기 때문에 보어와 그의 동료들을 '코펜하겐 학파'라고 부른다. 보어가 제시한 양자역학의 해석으로 '코펜하겐 해석'이 있다. 전자는 입자이기도 하고 파동이기도 하며 위치와 운동량은 동시에 확정될 수 없다는 하이젠베르크의 불확정성 원리를 두고, 보어는 전자를 관측한 순간 파동이 수축하여 점이 된다고 해석했다.

슈뢰딩거는 보어의 파동 수축설에 이의를 제기했다. 그는 그 유명한 '슈뢰딩거의 고양이'라는 사고 실험을 내세워, 관측하면 파동이 수축한다는 보어의 주장을 비판했다. 밖에서는 안이 보이지 않는 상자 안에 고양이와 방사성 물질을 넣고, 방사성 물질이 붕괴하면 센서가 작동하여 독가스를 내보내는 장치가 있다고 가정해보자. 방사성 물질은 확률적으로 붕괴하므로 상자를 열기 전까지는 고양이가 살아 있는지 죽었는지 확정할 수 없다. 즉, '슈뢰딩거의 고양이'는 '상자를 여는 행위로 생존과 사망이 결정된다'는 불완전한 설명을 비판하기 위해 제시된 사고 실험이었다.

이러한 과정을 거쳐 20세기 초에 양자역학이 완성되면서 물리학은 완전히 새로운 영역으로 발을 내디뎠다.

양자역학 연구로 보어는 1922년에, 하이젠베르크는 1932년에, 슈뢰딩거는 1933년에, 파울리는 1945년에, 보른은 1954년에 각각 노벨 물리학상을 받았다.

양자역학적 해석은 이후 우주론에도 영향을 미쳤고, 다세계 해석과 평행 우주 등의 이론이 등장하는 계기가 되었다. 그러나 아직 확실한 증거가 발견되지 않아 가설에 머물러 있는 상태이다. 어쨌든 다양한 방식으로 상상력을 펼치는 건 즐거운 일이다.

입자물리학의 발달

—— 디랙, 페르미, 마요라나

● **현대물리학의 바탕이 된 표준 모형**

양자역학은 미시 세계를 다루는 물리학으로서 기존의 고전역학과 전혀 다른 영역을 개척했다. 양자역학은 상식적으로 이해하기 힘든 면도 있지만, 반도체와 양자 컴퓨터처럼 현대 사회의 유용한 기술의 바탕이 되었다.

물질의 근원을 탐구하는 학문 중에는 입자물리학과 핵물리학이라는 분야가 있다. 이름이 비슷한 두 학문은 목적도 같다. 물질의 근원인 입자를 탐구하는데, 구체적으로는 전자·양성자·중성자·쿼크를 연구하는 학문이다.

자연계를 지배하는 기본 법칙을 찾아내는 것이 입자물리학과 핵물리학의 목표이다. 1950년대부터 고에너지로 기본 입자를 가속하여 충돌시킴으로써 새로운 기본 입자를 찾아내는 연구가 활발하게 이루어졌고, 그 결과 기본 입자들이 발견되었다. 그리고 기본 입자를 작용과 에너지, 상호작용 등으로 분류하여 표로 정리한 표준 모형이 만들어졌다.

기본 입자는 쿼크, 렙톤, 게이지 보손, 힉스 보손 등으로 분류된다. 그중 쿼크는 6종, 렙톤은 전자와 중성미자를 포함한 6종이 있으며, 게이지 보손에는 광자(포톤)와 글루온이 있다. 그 밖에도 질량을 만드는 힉스 보손이 있다. 쿼크와 렙톤은 물질을 구성하는 기본 입자로, 둘을 통틀어 페르미온이라고 부른다. 게이지 보손을 비롯한 보손은 힘을 주고받는 입자이다.

그림 4-7 · 기본 입자의 종류

기본 입자에는 전기량, 질량, 그리고 전자스핀이라는 특수한 각운동량이 존재하는데, 스핀이 반정수인 페르미온과 정수인 보손은 다양한 상호작용에 영향을 미친다.

강력(자연계에 존재하는 4가지 힘 중 하나로, 가장 강한 기본 상호작용)의 작용으로 원자핵을 구성하는 양성자와 중성자가 결합하여 만들어진 핵자를 강입자라고 한다.

표준 모형은 미국의 물리학자인 셸던 리 글래쇼(1932~)와 스티븐 와인버그(1933~2021), 그리고 파키스탄의 물리학자 압두스 살람(1926~1996)이 1967년에 완성했다. 기본 입자의 세계를 직관적으로 분류하고 각각의 상호작용을 알기 쉽게 정리했지만, 중력을 매개하는 입자로 추정되는 중력자가 빠지는 등 후대 물리학적 성과가 포함되지 않아 완전하다고는 할 수 없었다. 그러나 표준 모형은 20세기 후반 입자물리학이 발전하는 바탕이 되었다. 세 사람은 표준 모형을 완성한 공로로 1979년에 노벨 물리학상을 받았다.

● 상대성 이론과 양자역학을 통합한 천재 디랙

양자역학의 발전에 이바지한 과학자 중에는 세기의 천재 폴 디랙(1902~1984)도 있다.

영국의 물리학자 폴 디랙은 1928년에 양자역학과 상대성 이론을 통합한 '디랙 방정식'을 발표했다. 이로써 일반적인 전자와 달리 양전하를 띤 전자의 존재를 유추할 수 있게 되었다. 전자는 음전하를 띤 입자인데 어떻게 양전하를 띨 수 있을까? 디랙은 음에너지로 가득한 진공(양자역학적 의미의 진공. 92쪽 참고)에 에너지가 큰 감마선을 비추면 전자가 튀어나오고, 이때 뚫린 구멍은 양전하를 띤다고 생각했다. 이를 '구멍 이론'이라고 한다. 미국의 물리학자 칼 데이비드 앤더슨(1905~1991)이 1932년에 진행한 안개상자 실험에서는 음전하를 띤 전자와 양전하를 띤 양전자가 우주 방사선에서 발견되었다. 이는 디랙이 예언한 '반입자'를 실제로 입증한 사례이자 구멍 이론의 한계가 드러난 계기였다. 오늘날에는 양성자와 중성자에 모두 각각의 반입자가 존재한다는 사실이 널리 알려졌다. 앤더슨은 1936년에 노벨 물리학상을 받았다.

입자와 반입자는 서로 대립하는데, 전기적 성질이 정반대인 두 입자가 부딪치면 함께 소멸한다. 양자역학적 진공은 우리가 평소 알고 있는 것처럼 공기가 없는 상태가 아니라 입자가 존재하지 않는 상태를 의미한다. 정확히는 에너지가 아예 존재하지 않는 상태가 아니라 입자와 반입자가 쌍생성으로 탄생하자마자 쌍소멸로 사라지는 공간으로 추정된다. 이처럼 신비한 양자의 세계가 실제로 존재한다는 사실을 계산과 관측으로 증명한 인물이 디랙과 앤더슨이다.

● **베일에 싸인 마요라나의 행적과 마요라나 입자**

이 세상에는 더 신비로운 현상도 존재한다. 입자와 반입자의 성질을 둘 다 가진 마요라나 입자가 존재하기 때문이다. 마요라나 입자는 엔리코 페르미(1901~1954) 밑에서 연구를 하던 천재 물리학자 에토레 마요라나(1906~1938?)가 1937년에 예언한 입자이다. 여전히 존재가 확인된 적은 없지만, 최근 양자 컴퓨터에 응용할 가능성이 제기되면서 전 세계의 주목을 받고 있다. 그의 사망 연도가 불확실한 이유는 그가 시칠리아 팔레르모에서 나폴리행 배를 탄 이후로 행적이 묘연하기 때문이다.

● **페르미와 오펜하이머**

이탈리아 출신의 미국인 물리학자 엔리코 페르미는 방사성 동위원소와 핵분열 등 핵물리학 분야에 수많은 업적을 남겼다. 그리고 미국의 물리학자인 로버트 오펜하이머(1904~1967)와 함께 맨해튼 프로젝트(제2차 세계 대전 당시 미국에서 진행되었던 원자 폭탄 개발 계획)를 진행한 중심 인물이기도 하다. 페르미는 1938년에 노벨 물리학상을 받았다.

양자역학이 완성된 20세기 중반을 기점으로 전자공학은 그야말로 코페르니쿠스적 전환이라는 말이 어울릴 정도로 눈부신 혁신을 맞이했다. 반도체와 디지털 기술은 양자역학의 대표적인 성과이다.

새로운 천문학의 등장

—— 허블, 호일

● 허블에게서 시작된 팽창 우주론

인류가 관측할 수 있는 우주의 크기는 점차 확장되었다. 이번 장에서는 허블의 관측으로 시작된 오늘날 우주의 모습인 팽창 우주를 다룬다.

천문학자 에드윈 허블(129쪽)은 세페이드 변광성이라는 별을 이용하여 멀리 떨어진 천체까지의 거리를 측정했다. 세페이드 변광성의 밝기와 변광주기를 이용하면 별의 절대 등급을 구할 수 있다. 그리고 지구에서 관측했을 때 별의 밝기는 거리의 제곱에 반비례하므로 이를 척도 삼아 별까지의 거리를 구할 수 있다. 허블은 미국 캘리포니아주의 윌슨산 천문대에 설치된 지름 254cm짜리

그림 4-8 · 윌슨산 천문대의 반사 망원경

© Ken Spencer

의 반사 망원경으로 안드로메다은하의 세페이드 변광성을 관측했고, 안드로메다은하가 우리은하 바깥에 있음을 알아냈다.

1923년, 허블은 관측을 반복하며 안드로메다은하와 지구 사이의 거리를 약 90만 광년으로 계산했다. 오늘날 밝혀진 안드로메다와 지구의 거리는 250만 광년이므로 상당히 차이가 있지만, 우리은하 바깥에 또 다른 은하계가 존재한다는 사실을 밝혔다는 데에 의의가 있다. 허블의 발견으로 인류의 우주관은 크게 확장되었다.

허블은 안드로메다뿐만 아니라 더 멀리 떨어진 수많은 은하를 관측하는 데 성공했고, 스펙트럼 분석으로 역사에 남을 대발견을 했다(1929). 그는 멀리 떨어진 은하에서 나온 빛의 스펙트럼이 빨간색, 즉 파장이 긴 쪽으로 치우치는 현상을 발견했다. '적색편이'라고 하는 이 현상으로 멀리 떨어진 은하일수록 빠르게 멀어지는 이유를 설명할 수 있다. 소리의 도플러 효과와 마찬가지로 후퇴 속도(외부 은하가 우리은하에서 멀어지는 속도)가 빠를수록 빛의 파동은 빨간색에 가까워진다. 스펙트럼선 중 특정 원소의 흡수선인 프라운호퍼선의 위치를 통해 확인할 수 있는데, 후퇴 속도가 빠를수록 프라운호퍼선의 위치가 빨간색으로 이동한 것처럼 보인다.

허블은 우리은하 바깥에 있는 은하들의 스펙트럼을 분석하여 은하의 후퇴 속도를 계산했다. 결과는 놀라웠다. 우리은하에서 멀수록 적색편이의 값이 컸기 때문이다. 이는 우리은하에서 먼 은하일수록 후퇴 속도가 빠르며, 우주라는 공간 자체가 팽창한다는 뜻이었다. 하지만 우주가 팽창해도 은하 자체는 팽창하지 않는데, 은하에 속한 약 2,000억 개의 천체가 서로 중력에 의해 강하게 묶여 있기 때문이다. 안에 건포도가 들어간 빵이 구워질 때의 모습을 생각해보자. 빵이 부풀어 오르면서 건포도끼리 멀어지는데, 여기서 건포도가 은하이다. 건포도의 크기는 그대로이지만 간격이 넓어진다. 흥미롭게도 팽창 우주에는 중심이 존재하지 않는다. 이 때문에 어떤 은하를 기준으로 삼든 멀리 떨어진 은하일수록 빠르게 멀어진다.

허블은 은하의 후퇴 속도를 연구하여 거리와 후퇴 속도의 관계를 '은하의 후퇴 속도는 거리에 비례한다'라고 정리했다. 이것이 '허블 법칙'이다.

그림 4-9 · 우주 팽창의 이미지

건포도빵에 박힌 건포도가 은하와 같다.

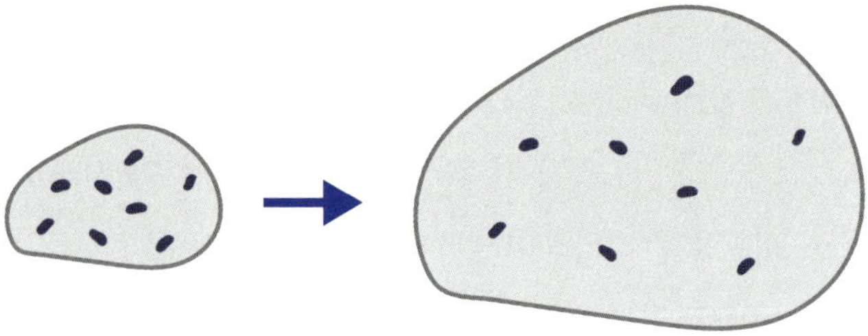

$v = H_0 D$

v는 후퇴 속도, D는 거리, H_0는 허블 상수이다.

허블은 상수를 약 500으로 설정했는데, 이 때문에 그가 계산한 우주의 나이는 오늘날 밝혀진 나이보다 훨씬 젊었다. 이후 세밀한 관측으로 허블 상수는 더욱 정밀해졌다. 2000년 이후로는 허블 우주 망원경과 플랑크 위성 등 수많은 위성이 동원되면서 매우 정밀한 허블 상수를 구할 수 있게 되었다.

오늘날 허블 상수는 약 70(km/s)Mpc으로, 단위는 1메가파섹(Mpc)당 후퇴 속도(km/s)를 뜻한다. 최신 연구 결과에 따르면 우주의 나이는 약 138억 년이다. 1파섹은 약 3.26광년이므로 1메가파섹은 326만 광년인데, 이는 우리은하의 약 300배에 해당하는 거리이다.

그 전까지는 이론적으로만 예측되었던 우주의 팽창을 허블은 실제로 관측하여 증명하는 데 성공했다.

● 팽창 우주론을 최초로 제시한 르메트르

허블이 팽창 우주를 발견하기 2년 전인 1927년, 벨기에의 천문학자이자 성직자인 조르주 르메트르(1894~1966)는 아인슈타인의 중력장 방정식을 독자적으로 해석한 팽창 우주설을 발표했다. 현재는 허블 법칙을 '허블-르메트르 법칙'으로도 부른다.

우주가 팽창·수축한다는 가설을 허블보다 일찍 제시한 과학자는 르메트르뿐만이 아니었다.

대표적인 인물은 상대성 이론으로 유명한 아인슈타인이다. 아인슈타인은 일반 상대성 이론으로 중력장 방정식을 구축하여 중력에 의해 공간이 왜곡됨을 증명했다. 그러나 아인슈타인의 시공간 이론에는 한계가 있었다. 중력장 방정식에 따르면 우주는 수축한 끝에 짜부라진다는 결론이 나왔기 때문이다. 그래서 아인슈타인은 중력과 반대 방향으로 작용하는 힘을 나타내는 요소인 '우주 상수'를 도입했다(1917). 당시 사람들은 우주가 팽창하거나 수축한다는 생각을 받아들이지 못했다. 시간과 공간이 절대적이지 않다는, 누구도 생각지 못한 발상을 떠올린 아인슈타인 본인조차 우주는 정지해 있다고 굳게 믿을 정도였다.

그러나 1929년에 허블이 팽창 우주를 발견하자 아인슈타인은 큰 충격을 받고 "우주 상수를 도입한 것은 내 인생 최대의 실수"라며 후회했다고 한다.

르메트르는 1927년에 중력장 방정식을 풀어 우주가 팽창한다는 사실을 증명했으며, 러시아의 천문학자 알렉산드르 프리드만(1888~1925) 역시 1922년에 우주가 팽창한다는 결론에 도달했다. 그러나 아인슈타인은 여전히 정적인 우주를 고집했다.

하지만 이후 상황은 역전되었다. 오늘날에는 우주가 가속 팽창한다는 주장이 정설인데, 우주 상수가 깊게 관여되었을 가능성이 있기 때문이다. 20세기 말, 약 60억 년 전부터 우주가 팽창하는 속도가 빨라지고 있다는 사실이 밝혀졌다. 우주의 가속 팽창은 Ia형 초신성 폭발(항상 일정한 양의 에너지를 분출하므로 거리를 측정하는 광원으로 쓰인다)을 관측하는 과정에서 발견되었다. 1998년에 이를 발견한 과학자는 미국의 천체물리학자 솔 펄머터(1959~)와 애덤 리스(1969~), 그리고 오스트레일리아의 천체물리학자 브라이언 슈미트(1967~)이다. 세 사람은 2011년에 노벨 물리학상을 받았다.

우주가 왜 가속 팽창하는지는 아직 밝혀지지 않았지만, '암흑 에너지'라는 수수께끼의 에너지가 작용하기 때문으로 추정된다.

아인슈타인이 살아 있었다면 오늘날의 우주를 어떻게 생각했을까?

● 정적 우주론의 패배

허블이 팽창 우주를 발견한 뒤에도 우주는 팽창하지도 수축하지도 않는다는 정적 우주론을 주장하는 학자들이 있었다. 영국의 천문학자이자 SF 소설 작가 프레드 호일(1915~2001)이 대표적이다. 정적 우주론은 허블이 허블 법칙(허블-르메트르 법칙)을 발견한 지 19년이 지난 1948년에 호일이 주장한 이론이다. 호일은 "우주는 빅뱅(대폭발)으로 탄생하지 않았다. 우주는 언제나 고요하고 안정적이며, 수소를 비롯한 원소는 우주에서 자연 발생했다"라며 과학과는 거리가 먼 주장을 펼쳤다.

'빅뱅'이라는 말은 당시 뜨거운 구슬이 폭발하여 우주가 탄생했다고 주장한 미국의 이론물리학자 조지 가모프(1904~1968)를 호일이 비웃은 데서 유래했다. 우크라이나 태생인 가모프는 우주가 팽창하고 있다면 시간 축을 반대로 거슬러 가면 한 점에 수렴한다고 생각했다. 그는 우주의 태동기에 질량이 한 점에 집중되어 온도와 밀도가 엄청나게 높은 상태에서 폭발이 일어나 지금과 같은 우주가 탄생했다고 생각했다. 1948년, 가모프는 이 초고온·초고밀도 상태의 우주를 뜨거운 구슬에 빗대었다.

호일을 엉터리 과학자로 생각할지도 모르지만, 그는 항성 내부에서 원소가 만들어지는 과정을 연구한 우수한 과학자였다. 그리고 SF 소설 작가로서 『10월 1일은 너무 늦다』, 『안드로메다의 A』 같은 명작을 남기기도 했다.

1964년, 우주의 모든 방향에서 들어오는 전자기파인 우주 배경 복사가 발견되면서 호일의 정적 우주론은 완벽하게 논파되었다. 우주 배경 복사는 빅뱅 이론의 무엇보다 확실한 증거였다.

우주 배경 복사의 발견

—— 펜지어스, 윌슨

● **마이크로파 안테나 시험 도중 우연히 잡힌 잡음**

'우주 배경 복사'는 모든 방향에서 들어오는 마이크로파(파장이 짧은 전자기파) 복사이다. 우주 마이크로파 배경 복사라고도 하며, 영어 명칭인 Cosmic Microwave Background의 앞 글자를 따 CMB로 부르기도 한다.

1964년, 미국 벨 연구소의 기술자 아노 펜지어스(1933~2024)와 로버트 우드로 윌슨(1936~)은 위성 통신에 사용하는 마이크로파 통신용 안테나를 테스트하고 있었다. 그런데 잡음이 너무 심해서 통신을 할 수 없는 상태가 계속되었다. 안테나에 문제가 있다고 생각한 두 사람은 안테나의 먼지를 털고 새똥도 닦아봤지만 잡음은 여전히 사라지지 않았다.

마이크로파는 파장이 1~10cm(3~30GHz)인 전자기파이다. 우리가 평소 사용하는 휴대전화는 물론 레이더와 위성 통신에서도 쓰이는 가장 보편적인 주파수 대역이다. 마이크로파는 파장이 짧아 안테나 표면에 조금만 튀어나온 부분이 있어도 잡음이 생길 가능성이 있다.

펜지어스와 윌슨은 마이크로파 통신을 연구하고 있었다. 당시 마이크로파를 다루는 기술은 오늘날만큼 발달하지 않았다. 연구소에 설치된 안테나는 알루미늄으로 만든 나팔 모양의 혼 안테나로, 개구부의 크기는 6m 정도였다. 두 사람은 안테나의 상태가 안 좋아 잡음이 들어갔다고 생각했고, 새똥을 치우거나 안테나의 방향을 잡음원 반대 방향으로도 돌려봤지만 잡음은 전혀 개선되지 않았다. 마이크로파는 지향성이 강해서 방향을 바꾸기만 해도 잡음이 감소할 때가 있기 때문이었다.

그러나 모든 방향에서 들어온 이 잡음의 정체는 이후 우주 마이크로파 배경 복사로 밝혀졌다.

● 138억 년 전 빅뱅의 잔광

가모프는 빅뱅 이론과 함께 우주 배경 복사의 존재도 예견했는데, 그 정체는 우주가 대폭발로 뜨거운 구슬처럼 되었을 때(정확히는 빅뱅으로 우주가 탄생한 지 38만 년 후) 빛에서 바뀐 긴 파장의 전자기파였다. 즉 우주 배경 복사는 원시 우주의 잔광인 셈이다. 빅뱅으로 우주가 급격하게 팽창하면서 빛의 파동이 늘어났고, 파장이 점점 길어지다가 마이크로파 대역까지 늘어난 빛이 지구에서 관측된 것이다. 이 마이크로파의 스펙트럼은 절대온도로 환산하면 2.725K, 반올림하면 3K이므로 3K 우주 배경 복사라고도 한다. 이 온도는 조금씩 변하는데, 2.7K를 기준으로 10만분의 1 범위에 온도가 불균일하게 분포한다. 이 미세한 변동을 토대로 우주가 어떻게 거대 구조로 진화했는지, 암흑 물질은 무엇인지, 우주가 탄생한 지 얼마나 되었는지 등 다양한 의문점을 파헤칠 수 있을 것으로 기대를 모으고 있다.

펜지어스와 윌슨이 안테나를 시험하던 도중 의도치 않게 우주 배경 복사를 발견하면서 팽창 우주론이 확고해졌다. 두 사람은 이 업적으로 1978년에 노벨 물리학상을 받았다.

이후 COBE(1989년 발사, NASA), WMAP(2001년 발사, NASA), 플랑크 위성(2009년 발사, ESA) 등 세계 각국에서 발사한 위성이 우주 배경 복사를 관측하고 있다.

● 전파천문학의 창시자, 잰스키

우주에서 들어온 전자기파를 최초로 포착한 과학자를 소개할 차례이다. 바로 미국의 물리학자 칼 구스 잰스키(1905~1950)이다. 잰스키도 펜지어스, 윌슨과 마찬가지로

벨 연구소의 연구자였다. 1930년, 단파 대역 전자기파의 전달 특성을 연구하던 잰스키는 어디선가 섞여 들어오는 잡음을 발견했다. 그는 전파 세기가 바뀌는 주기를 분석했고, 항성시(항성이 천구에서 움직이는 운동을 기준으로 한 시간)와 일치한다는 사실을 알아냈다. 전자기파는 우리은하 중심 근처의 궁수자리에서 들어오고 있었다.

잰스키는 우주에서 들어오는 전자기파를 최초로 포착한 인물로 과학사에 이름을 남겼다. 전파천문학에서 전자기파의 세기를 나타내는 단위인 잰스키(Jy)도 그의 이름에서 유래했다.

● **다중신호 천문학**

20세기 중반부터 발전한 전파 기술 덕에 가시광선 영역을 넘어 전자기파로도 천체를 관측할 수 있게 되면서 우주의 수수께끼가 차례차례 풀렸다.

가시광선과 전자기파뿐만 아니라 적외선, X선, 자외선, 나아가 적외선과 전자기파 사이의 파장(3mm~30μm)인 테라헤르츠파까지 우주의 신비를 파헤치는 데 활용되고 있다. 한편, 제임스 웹 우주 망원경은 가시광선 센서 없이 적외선 영역의 파장(0.6~28μm)으로 천체를 관측한다. 적외선은 가시광선이 차단되는 우주 먼지를 투과해서 볼 수 있으므로 우주 탄생의 순간에 한층 근접할 수 있다. 그리고 제임스 웹 우주 망원경은 컬러 천체 사진을 공개했는데, 이는 가시광선이 아니라 서로 다른 적외선 파장을 RGB 삼원색에 맞추어 가시화한 것이다. 눈으로 본 대상을 색으로 감지하는 생물은 가시광선 범위의 파장인 350~800nm밖에 인식하지 못하는 인간뿐이다. 우주 망원경으로 찍은 사진이 실제 색을 반영한 것은 아니지만, 우주는 사실 다양한 파장의 에너지로 가득하다. 수많은 에너지를 관측하면 진정한 우주의 모습을 파악할 수 있다.

다양한 전자기파 외에도 중력파와 중성미자 등을 사용하여 천체를 관측하고 이를 해석하는 분야를 다중신호 천문학이라고 한다.

42

팽창 우주와 암흑 물질, 암흑 에너지

—— 루빈, 펄머터, 리스

● **나선은하의 특이한 회전 방식을 발견한 천문학자**

나선 형태로 회전하는 은하를 연구한 미국의 천문학자 베라 루빈(1928~2016)은 1970년대 말, 나선은하의 천체가 소용돌이 중심에 있든 가장자리에 있든 모두 같은 속도로 회전한다는 사실을 발견했다. 그 전까지는 중심부는 천체가 밀집하여 질량이 크고, 가장자리는 천체가 적어 질량이 작으므로 중심에서 멀어질수록 느리게 움직인다고 여겨졌다. 은하에 눈에 보이는(관측할 수 있는) 천체만 존재한다면 뉴턴 역학에 따라 운동했겠지만, 루빈이 관측한 현상은 예측과 달랐다.

그는 어떻게 은하 내 천체의 움직임을 관측했을까? 루빈은 은하의 후퇴 속도를 측정할 때처럼 도플러 효과를 이용했다. 천체의 빛에 대해 스펙트럼 분석을 하면 빛의 파장이 얼마나 치우쳐 있는지 알 수 있다. 빨간색으로 치우쳐 있으면 그 별은 우리에게서 멀어지고, 파란색으로 치우쳐 있으면 가까워진다는 식이다. 루빈은 지구와 가장 가깝고 밝은 전형적인 나선은하인 안드로메다은하(M31)의 중심을 기준으로 각각 오른쪽과 왼쪽에 있는 천체의 스펙트럼을 관측했다. 그 결과, 중심에서 먼 별의 회전 속도와 중심에서 가까운 별의 회전 속도는 같았다.

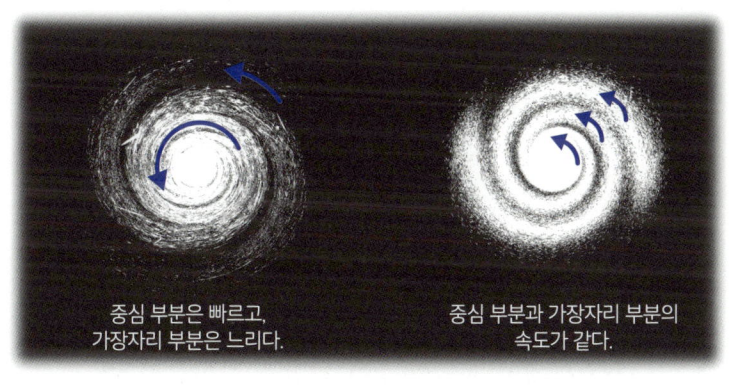

그림 4-10 · 나선은하의 회전 속도

중심 부분은 빠르고, 가장자리 부분은 느리다.

중심 부분과 가장자리 부분의 속도가 같다.

● **암흑 물질**

은하의 가장자리와 중심부의 속도가 같은 현상은 뉴턴 역학에 어긋났다. 뉴턴 역학대로라면 나선은하에는 눈에 보이지 않는(관측할 수 없는) 물질(질량)이 존재해야 했다.

이러한 추론 끝에 현대 우주론의 중요한 키워드인 '암흑 물질'이라는 개념이 탄생했다. 오늘날 우주에 존재하는 물질 중 관측 가능한 물질은 5%에 불과하며, 암흑 물질이 약 27%, 암흑 에너지가 약 68%를 차지하는 것으로 추정된다. 암흑 물질과 암흑 에너지에 관한 몇몇 가설은 있지만, 확실한 정체는 밝혀지지 않았다.

암흑 물질은 질량이 있어 중력에 영향을 미치는 것으로 여겨진다. 하지만 중력을 제외하면 다른 힘이나 물질과는 상호작용을 하지 않으므로 여전히 그 정체는 베일에 싸여 있다.

그런데 강력한 중력이 존재하는 곳에서는 뒤에 있는 천체의 빛이 휘는 중력 렌즈 효과가 나타난다. 이를 토대로, 일본 국립천문대에 설치된 스바루 망원경으로 우주 전체의 중력 렌즈 효과를 자세히 관측하여 암흑 물질의 분포를 조사하려는 프로젝트가 진행 중이다.

그림 4-11 · 스바루 망원경

© Denys

● 수수께끼투성이인 암흑 에너지

우주에 존재하는 에너지 중 약 70%를 차지하는 암흑 에너지는 암흑 물질을 능가하는 수수께끼의 존재이다. 그렇다면 암흑 에너지의 존재는 어떻게 확인되었을까? 이는 우주의 가속 팽창과 연관되어 있다.

가속 팽창에 관해 이야기하기 전에 우주의 팽창이 구체적으로 무엇을 가리키는지부터 짚고 넘어가자. 우주가 빅뱅으로 탄생했다는 이론이 현재 학계의 정설이다. 우주가 탄생한 지 10^{-36}초 후에 인플레이션이라는 공간의 급격한 팽창 현상이 일어났다. 그리고 10^{-34}초 후에는 급속 팽창이 끝나고 1,000조 ℃가 넘는 초고온 상태가 되었는데, 전자와 광자 역시 초고온이었기 때문에 원자를 이루지 못하고 멋대로 날아다녔다. 그러나 팽창과 함께 우주의 온도는 점점 낮아졌고, 전자가 원자핵에 붙들려 원자가 만들어지면서 광자는 자유롭게 멀리 이동할 수 있게 되었다. 이것이 탄생한 지 38만 년이 지나 초고온의 구름에 둘러싸인 듯한 형태가 된 우주에서 기본 입자가 원자를 형성하고 물질이 탄생한 과정이다. 안개가 걷힌 것처럼 맑고 훤히 보였다고

하여 이 시기를 '맑게 갠 우주'라고 부른다.

빅뱅 당시 우주는 인플레이션으로 엄청나게 뜨거운 구슬처럼 되었는데, 그 직전에 아주 짧은 시간이 있었다는 사실을 기억하자. 인플레이션은 우주가 탄생한 지 10^{-36}초 후에 일어났으므로 일반적으로는 "빅뱅으로 우주가 탄생했다"라고 표현해도 틀린 말이 아니다. 그러나 이 짧은 시기의 우주에 일반적인 상식은 통하지 않았다.

인플레이션이 일어나기 전의 아주 짧은 시간, 시간과 공간의 개념조차 정의되지 않은 상태에서 어떻게 급격한 변화가 일어났을까? 그 이유는 지금으로서는 밝혀지지 않았다. 전 세계의 이론물리학자들이 양자역학과 수학으로 우주의 탄생을 둘러싼 비밀을 밝히기 위해 노력하고 있다.

진공 에너지, 이른바 '진공 요동'이라는 개념을 바탕으로 이를 설명하는 가설이 있다. 여기서 '진공'은 공기는커녕 어떠한 물질도 존재하지 않는 영역을 가리킨다. 그러나 양자역학적으로 진공은 아무것도 없는 공간이 아니라 에너지가 순식간에 생겼다가 사라지는 양자 요동이 일어나는 공간이다. 다만 진공 에너지가 어떻게 느닷없이 인플레이션을 일으켰는지, 어떤 과정을 거쳐서 시간과 공간이 만들어지고 팽창했는지는 전혀 알 수 없다.

지금으로서는 빅뱅의 잔광인 초창기 우주의 빛을 우주 마이크로파 배경 복사의 형태로 관측할 수 있을 뿐이다. 적어도 인플레이션 직전의 순간을 제외하면 팽창 우주론은 올바르다고 볼 수 있다.

● **우주의 미래와 과거**

우주는 지금도 팽창하고 있는데, 미래에는 어떤 모습일까? 이 역시 알 도리가 없다. 팽창 우주에 관해서는 다음과 같이 여러 설이 있다. 1. 지금과 마찬가지로 영원히 팽창한다. 2. 어느 시점까지 가면 팽창이 멈춘다. 3. 어느 시점까지 팽창하다가 반대로 수축하여 빅뱅 상태로 돌아간다. 4. 빅뱅 상태까지 돌아가면 다시 팽창하기 시작하며 팽창과 수축을 무한히 반복한다.

연구자들은 대부분 우주가 영원히 팽창한다는 설을 지지한다. 앞에서도 소개했다시피 약 60억 년 전부터 우주가 가속 팽창하고 있었다는 사실이 밝혀졌기 때문이다. 1998년, 미국의 천체물리학자 솔 펄머터, 브라이언 슈미트, 애덤 리스 세 명은 우주의 팽창 속도가 빨라지고 있음을 알아냈다.

그렇다면 이 거대한 우주가 가속 팽창하는 이유는 무엇일까? 이 수수께끼를 풀기 위해 등장한 개념이 '암흑 에너지'이다. 아인슈타인이 우주가 수축한다는 결론을 피하려고 자신이 고안한 중력장 방정식에 도입한 우주 상수가 바로 암흑 에너지이다. 아인슈타인은 우주 상수를 도입하고 인생 최대의 실수라며 후회했지만, 어쩌면 그는 우주의 본질을 최초로 꿰뚫어 본 인물일지도 모른다.

지금까지 밝혀진 바에 따르면 우주는 수수께끼의 척력에 의해 점점 팽창하고 있으며, 앞으로도 영원히 팽창할지 모른다. 인류는 우주의 무한한 확장성을 깨닫고 장대한 시공간에 압도당할 뿐이며, 고대 그리스 시대의 철학적인 우주론으로 회귀한 것이나 다름없다. 우주론 연구의 일인자이자 인플레이션 우주론을 주장한 사토 가쓰히코 도쿄대학 명예교수의 말마따나, 우주는 어쩌면 우로보로스의 뱀처럼 머리가 꼬리를 물고 순환하는 모양새일지도 모른다.

43 핵분열의 발견

— 한, 슈트라스만

● **물리학의 새로운 지평을 연 핵물리학**

20세기가 시작될 무렵인 1900년, 플랑크가 에너지 양자 가설을 발표했다. 20세기는 뉴턴 역학을 뛰어넘은 새로운 물리학인 양자역학과 함께 시작되었다. 양자역학은 물리학뿐만 아니라 반도체를 비롯한 공업 제품에도 응용되면서 과학기술 문명의 수준을 한층 끌어올렸다. 이렇게 아날로그 시대에서 디지털 시대로의 전환이 이루어졌다. 양자역학의 성과가 담긴 기술로 탄생한 컴퓨터는 20세기 중반에 등장하여 사회 구조를 근본적으로 변화시켰다.

눈부신 시대를 소개하기 전에, 물리학의 혁신적인 성과에 가려진 부분을 짚고 넘어가고자 한다. 바로 핵물리학의 부정적 측면이다. 핵물리학은 물질의 근원을 파헤친다는 학문적 목적을 달성하는 한편, 무기로 활용되는 비극을 맞았다.

아직 원자의 구조가 밝혀지지 않았던 1990년경, 과학자들은 다양한 원자 모형을 제시했다(150쪽).

1898년, 영국의 물리학자 어니스트 러더퍼드(1871~1937)는 우라늄에서 나오는 방사선의 정체를 밝혀냈다. 헬륨의 원자핵으로 이루어진 알파선, 전자의 흐름인 베타선, 그리고 전자기파인 감마선이었다. 그리고 1911년에는 알파선을 금박에 비췄을 때 산란하는 형태를 분석했다. 알파선은 대부분 금박을 그대로 통과했지만, 수천 개에 한 개꼴로 궤적이 크게 휘기도 했다. 이를 본 러더퍼드는 원자 중심에 양전하를 띠는 무언가가 있으리라고 추측했다. 알파선은 헬륨의 원자핵이므로, 금의 원자핵에 어쩌다 근접해도 같은 전하끼리 만나 생기는 반발력으로 튕겨 나가기 때문이다. 러더퍼드는 이 산란의 양상을 통해 양전하를 띤 핵 부분이 원자 전체 크기(100억분의 1m)와 비교했을 때 매우 작다는 사실을 입증했다. 원자핵에 가까이 다가간 알파선이 거세게 튕겨 나가는 이유는 원자핵과 알파선 사이에 쿨롱 힘(같은 극성의 전하끼리 반발하는 힘)이 작용했기 때문이다.

원자의 구조는 이렇게 밝혀졌다. 양전하를 띠고 양성자와 중성자로 이루어진 원자핵이 중심에 있고, 그 주위에 음전하를 띤 전자가 있는 오늘날의 원자 이미지는 이때 완성되었다. 원자 내부의 원자핵은 원자 전체 크기의 10만분의 1밖에 안 될 만큼 매우 작았다. 원자가 돔 구장이라면 원자핵은 마운드 위의 동전만 하다. 당시에는 전자가 원자핵 주위를 도는 줄 알았지만, 양자역학이 등장하면서 전자는 원자핵 주위에 확률적으로 존재하는 이미지로 바뀌었다.

원자핵을 구성하는 양성자와 중성자는 크기와 질량이 거의 같지만, 양성자는 양전하를 띠고 중성자는 전하를 띠지 않는다. '중성자'라는 이름이 붙은 이유도 이 때문이다. 양성자와 중성자는 쿼크 세 개로 이루어진 것으로 추정되는데, 양성자는 위 쿼크·위 쿼크·아래 쿼크, 중성자는 위 쿼크·아래 쿼크·아래 쿼크로 구성이 서로 다르다.

● **핵분열과 연쇄 반응**

1938년, 독일의 물리학자 오토 한(1879~1968)과 프리츠 슈트라스만(1902~1980), 그리고 오스트리아의 물리학자 리제 마이트너(1878~1968)와 오토 로베르트 프리슈(1904~1979)는 핵분열을 발견했다. 한과 슈트라스만은 우라늄에 중성자를 비추면 원래 원소보다 가벼운 원소들로 분열하는 현상을 발견했다.

예를 들어 우라늄-235(^{235}U)가 핵분열하면 원자량이 우라늄의 절반인 이트륨-103(^{103}Y) 원자와 아이오딘-131(^{131}I) 원자로 분열하는 동시에 남은 중성자 약 2개(평균 2.5개)가 방출된다. 이 중성자가 다른 우라늄-235의 원자핵에 부딪치면 핵분열 반응이 연속해서 일어나는데, 이를 '연쇄 반응'이라고 한다. 핵분열이 일어나면 엄청난 에너지가 방출된다.

우라늄-235가 이트륨과 아이오딘으로 분열할 때 만들어진 새로운 물질의 질량을 합치면 분열하기 전 우라늄-235의 질량보다 아주 약간 가볍다. 이를 '질량 결손'이라고 하며, 아인슈타인의 특수 상대성 이론(1905)으로 증명된 질량-에너지 등가 원리($E=mc^2$)에 따라 결손된 질량은 에너지의 형태로 방출된다. 이 에너지는 TNT 폭약의 1,000만 배에 이른다.

그렇다면 이렇게 엄청난 에너지를 방출하는 이유는 무엇일까? 이는 양성자와 중성자를 묶는 강력과 전자기력이 해방되기 때문이다.

강력은 전자기력, 약력, 중력과 함께 자연계를 지배하는 4가지 힘 중 하나이다. 양성자와 중성자를 이루는 쿼크를 묶고, 원자핵 구조를 성립하게 만드는 힘이다. 전자기력보다 100배 가까이 강해서 강력이라는 이름이 붙었다. 글루온이라는 입자를 서로 교환하는 과정에서 발생하는 힘으로 여겨진다.

핵분열의 발견은 핵물리학 연구의 필연적인 결과였지만, 질량이 해방되면서 방출되는 에너지는 인류에게 꿈의 에너지를 안겨주는 동시에 자칫 잘못 사용하면 인류를 멸망에 이르게 할 만큼 엄청난 위력을 가지고 있었다.

전자의 대표적인 사례는 원자력 발전이다. 핵분열 반응을 제어하여 천천히 연쇄 반응을 일으킴으로써 열을 안정적으로 발생시키고, 그 열로 증기 터빈을 돌려 전기를 만든다. 그리고 후자는 물론 핵무기이다. 핵분열을 한 번에 일으켜 일반적인 폭탄은 비교도 되지 않을 정도의 파괴력을 자랑하는 핵무기는 실제로 20세기 중반, 전장에 투입되어 수많은 사람의 목숨을 앗아갔다. 과학기술이 발전을 거듭하고 있는 만큼, 우리는 과학기술을 탐구하는 동시에 윤리적 책임도 염두에 두어야 한다.

4장
연표(20세기)

과학기술의 역사

19세기	1857년	가이슬러, 가이슬러관을 사용한 진공 방전 실험.
	1859년	플뤼커, 진공 방전에 의한 유리관 발광 현상 확인.
	1875년	크룩스, 진공 방전으로 전기를 띤 입자가 방출됨을 입증.
	1895년	뢴트겐, X선 발견.
	1896년	베크렐, 방사선 발견.
	1897년	톰슨, 전자 발견.
	1898년	퀴리 부부, 라듐의 방사능 발견.
	1898년	러더퍼드, 알파선과 베타선 발견.
20세기	1900년	비야르, 감마선 발견.
	1900년	켈빈 경, 물리학의 완성을 선언.
	1900년	플랑크, 플랑크의 법칙 발표. 양자역학의 역사 시작.
	1905년	아인슈타인, 특수 상대성 이론 발표.
	1905년	아인슈타인, 광양자 가설 발표.
	1912년	라우에, 결정 구조를 확인하는 X선 회절 분석법 발명.
	1913년	보어, 원자 모형 제시.
	1915년	아인슈타인, 일반 상대성 이론 발표.
	1919년	에딩턴, 일식 관측. 중력으로 공간이 왜곡되는 현상 확인.
	1922년	프리드만, 팽창 우주의 가능성 제시.
	1923년	드브로이, 물질파 주장.
	1926년	슈뢰딩거, 파동 방정식 제시.
	1927년	하이젠베르크, 불확정성 원리 주장.
	1927년	르메트르, 팽창 우주의 가능성 제시.
	1928년	디랙, 디랙 방정식 발표.
	1929년	허블, 우주의 팽창 발견.
	1930년	잰스키, 천체에서 방출된 전파를 포착. 전파천문학 확립.

20세기	1932년	앤더슨, 안개상자 실험으로 양전자 발견.
	1937년	마요라나, 마요라나 입자 예언.
	1938년	한·슈트라스만·마이트너·프리슈, 핵분열 발견.
	1948년	가모프, 뜨거운 구슬 우주론 주장.
	1948년	호일, 정적 우주론 주장.
	1964년	펜지어스·윌슨, 우주 배경 복사 발견.
	1967년	글래쇼·와인버그·살람, 표준 모형 발표.
	1970년대	루빈, 나선은하 중심부와 가장자리의 회전 속도가 같음을 발견.
	1998년	펄머터·슈미트·리스, 우주의 가속 팽창 발견.
21세기	2016년	미국, 중력파 망원경으로 중력파 관측에 성공.

세계의 주요 사건

20세기	1914년	파나마 운하 완공.
	1914년	제1차 세계 대전 발발.
	1917년	러시아 혁명 시작.
	1922년	소비에트 연방 설립.
	1929년	대공황 발생.
	1934년	히틀러, 독일 총통 취임.
	1939년	제2차 세계 대전 발발.
	1960년	베트남전쟁 발발(1975년 종식).
	1960년	비틀즈 결성.
	1963년	부분적 핵실험 금지 조약 체결.
	1963년	케네디 미 대통령 피살.
	1991년	소비에트 연방 붕괴.

제 5 장

정보 과학과 컴퓨터의 발달

20세기 후반

트랜지스터의 발명과 반도체 집적 회로의 발달

—— 쇼클리, 바딘, 브래튼

● **다리가 세 개 달린 반도체 스위치**

20세기 전반은 물리학이 크게 발전한 시대였다. 그리고 20세기 후반에는 그 발전 속도가 한층 빨라졌는데, 특히 양자역학을 공학적으로 응용한 기술이 눈부시게 발전했다. 한편 전력은 단순히 조명과 동력에만 쓰이는 수준을 넘어 정밀하고 고도화된 활용이 가능해졌다. 그 결과 디지털 기술이 등장했다. 디지털 기술은 하드웨어인 컴퓨터와 컴퓨터에서 구동하는 소프트웨어로 나뉜다. 소프트웨어는 형식적으로는 단순한 알파벳·숫자·기호의 나열에 불과하지만, 실질적으로 컴퓨터에 생명을 불어넣은 주역이었다.

1882년에 에디슨이 건설한 화력 발전소를 시작으로 전 세계에 발전소가 설치되었고, 조명은 램프와 촛불에서 전등으로 대체되었다. 공장에서도 동력으로 전기 모터를 도입하면서 작업 효율이 현저히 향상되었다.

20세기 중반부터는 그야말로 혁신적이라는 말이 어울릴 정도로 전기의 활용 폭이 넓어졌다. 트랜지스터의 발명으로 반도체가 실현되었기 때문이다. 기존에 쓰였던 진공관과 달리 고체로만 만들어진 반도체는 소비 전력이 적고 소형화가 가능했다. 반도체는 라디오 신호의 복조(전파에 실린 음성을 분리하는 과정. '검파'라고도 한다.-옮긴이)와 전력 증폭에 필요한 부품이다. 1950년대에 트랜지스터가 등장한 이후 라디오는 진공관식에서 트랜지스터 방식으로 점차 바뀌었다.

그림 5-1 · 진공관 라디오 내부

진공관도 세대에 따라 이미지가 다양하다. 진공관은 내부가 진공인 유리관 안에 전극이 들어 있는데, 진공 방전을 일으키는 유리관과 기본적으로 구조가 같다.

대표적인 진공관인 3극 진공관의 구조를 살펴보자.

캐소드(음극), 그리드, 플레이트(양극)라는 세 종류의 전극이 있는데, 히터가 열을 받으면 캐소드에서 전자가 튀어나와 양극으로 이동한다. 그리고 그리드에 걸린 전압의 크기로 전자의 이동(전류)을 조절할 수 있다. 이를 통해 전류를 켜고 끌 수 있으므로 스위치처럼 사용할 수 있다.

진공관에서 트랜지스터로 대체되면서 시대는 또다시 한 걸음 앞으로 나아갔다. 트랜지스터가 여러 개 집적된 집적 회로(IC)와 컴퓨터의 등장으로 사회는 엄청난 변혁을 맞이했다. 컴퓨터는 인간을 아득히 능가하는 계산 속도로 수많은 정보를 처리할 수 있었고, 이후에는 텍스트뿐만 아니라 이미지와 동영상까지 처리할 정도로 발전했다. 프로그래밍으로 소프트웨어를 만들어 수많은 아이디어를 컴퓨터로 구현할 수 있게 되었다. 프로그래밍은 20세기 중반 이후 등장한 혁신적인 기술이다. 소규모 프

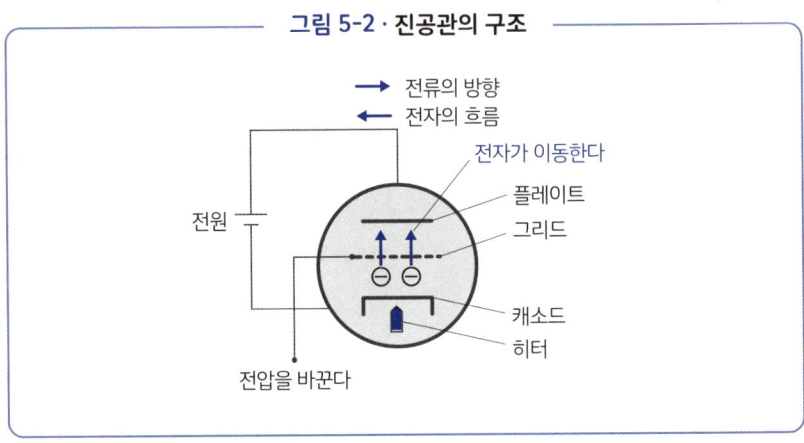

그림 5-2 · 진공관의 구조

로그램 정도는 혼자서도 만들 수 있다는 점이 중요하다. 이로써 개개인의 두뇌가 모여 거대한 집단 지성이 되고, 기존에 없던 기술과 문화와 사상을 만들 수 있게 되었기 때문이다.

● 트랜지스터의 탄생

과학기술의 역사에서 손에 꼽을 만큼 중요한 발명인 트랜지스터는 어떻게 탄생했을까? 트랜지스터는 1947년, 미국의 거대 통신 회사 AT&T 산하 벨 연구소에 재직하던 윌리엄 쇼클리(1910~1989), 존 바딘(1908~1991), 월터 브래튼(1902~1987)에 의해 발명되었다.

1947년, 바딘과 브래튼은 점 접촉형 트랜지스터를 만들었다. 점 접촉형 트랜지스터는 단결정 고순도 저마늄 반도체에 전극 두 개가 달린 트랜지스터로, 가느다란 금속 탐침이 저마늄 기판에 접촉하는 방식이어서 붙은 이름이다. 저마늄 기판을 '베이스', 기판에 접촉한 두 접점을 각각 '이미터'와 '컬렉터'라고 한다. 두 사람은 베이스와 이미터에 전류가 흐르면 베이스와 컬렉터 사이에 대량의 전류가 흐르는 현상을 발견했다.

벨 연구소에서 바딘과 브래튼이 점 접촉형 트랜지스터 실험을 할 때 쇼클리는 그

그림 5-3 · 점 접촉형 트랜지스터의 구조

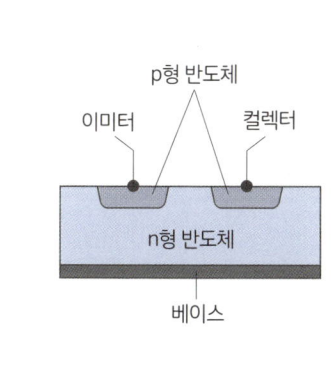
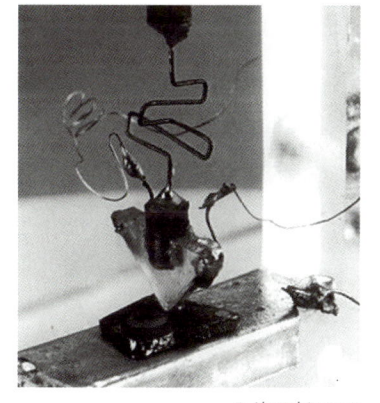

© Alcatel-Lucent

자리에 없었다고 한다. 그러나 두 사람의 보고를 받고 매우 흥분한 쇼클리는 더 안정적으로 작동하는 접합형(반도체 소재를 붙여 일체화한 방식) 트랜지스터를 만들었다. 접합형은 고장이 적고 수명이 길며 제조하기 쉽다는 장점 덕분에 라디오를 비롯한 여러 전자 제품에 빠르게 도입되었다. 트랜지스터를 발명한 업적으로 세 사람은 1956년에 노벨 물리학상을 받았다. 원리가 발견된 지 9년 만에 상을 받은 셈이니 트랜지스터의 발명이 사회에 얼마나 큰 영향을 미쳤는지 알 수 있다.

트랜지스터가 발명되고 수년이 지난 1950년대에는 일본에서도 도쿄통신공업(현 SONY)이 트랜지스터를 만드는 데 성공했다. 그리고 1955년에는 일본 최초의 트랜지스터라디오(TR-55)가 상품화되었다. 작고 가벼우며 고장이 잘 나지 않고 소비 전력도 적은 데다 배터리 방식이어서 어디든 가지고 다닐 수 있었던 소형 라디오는 엄청난 인기를 얻었다.

1956년, SONY에 재직 중이던 과학자 에사키 레오나는 반도체를 연구하던 중 반도체 터널 효과라는 양자역학 현상을 발견했고, 이를 응용한 다이오드에 그의 이름을 붙였다. 이것이 바로 에사키 다이오드 혹은 터널 다이오드이다. 터널 효과란 일반

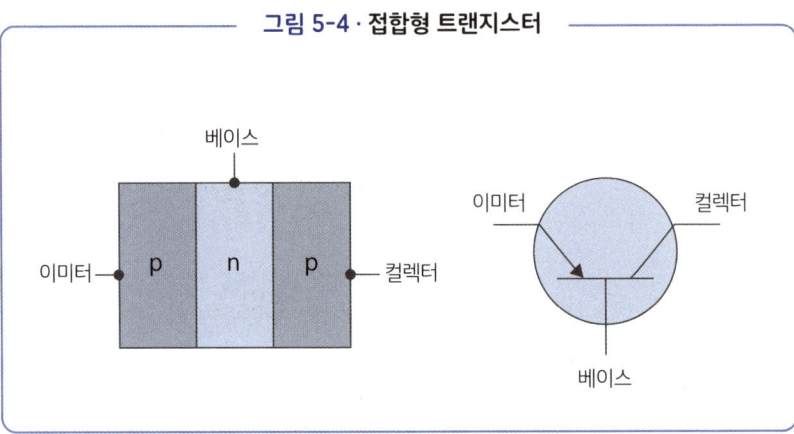

그림 5-4 · 접합형 트랜지스터

적으로는 전자가 뛰어넘을 수 없는 퍼텐셜 에너지 장벽을 양자의 파동성으로 통과하는 현상을 가리킨다. 에사키 다이오드는 작동 속도가 빠르고 고주파 신호 처리에 뛰어나 통신기를 비롯한 여러 분야에 폭넓게 쓰였다. 에사키는 반도체의 터널 효과를 발견한 공로로 1973년에 노벨 물리학상을 받았다.

● 스위치에 도입된 반도체

반도체는 진공관을 대체하는 용도로 처음에는 신호의 검파 및 증폭에 쓰였는데, 전압의 변화로 전류를 제어할 수 있으므로 디지털 회로에도 도입되었다. 최대한 소형화할 수 있다는 장점을 활용하여 트랜지스터를 실리콘 기판 위에 대량으로 배치한 집적 회로가 개발되었다. 시대의 흐름과 함께 집적 회로(IC)의 집적도가 더욱 향상되면서 LSI(Large Scale Integrated circuit)와 VLSI(Very Large Scale Integrated circuit)라는 용어도 등장했다. 오늘날에는 칩 하나에 수백억~수천억 개의 트랜지스터가 들어갈 만큼 집적도가 높아졌다.

집적 회로의 배선 간격도 매년 좁아졌다. LSI가 막 등장한 1970년대에는 프로세스 룰(제조 공정에서 규정한 배선 간격)이 10μm(1μm는 1m의 100만분의 1)였으나, 2024년 기준으로는 2nm를 밑돌 만큼 세밀해졌다. 원자의 지름이 약 0.1nm이니 점점 원자 크기에 가까워지는 셈이다.

집적도의 역사를 설명하려면 무어의 법칙도 짚고 넘어가야 한다. 인텔의 창립자이자 기술자인 고든 무어(1929~2023)가 1965년 강연에서 반도체의 집적도는 1년에 2배씩 오를 것이라고 발표했고, 실제로 그렇게 되면서 이는 '무어의 법칙'으로 알려졌다. 이후 1년 반에 2배 혹은 2년에 2배씩 오르는 등 변화폭은 조금씩 달라졌지만, 원래 '대체로 2배'라는 의미였으므로 엄밀히 따지지는 않는다. 오늘날까지도 무어의 법칙은 깨진 적이 없다.

그만큼 집적도의 향상은 중요한 과제였다. 집적도가 오르면 전류량 역시 줄어들므로 에너지를 절약할 수 있으며, 발열이 줄면서 결과적으로 처리 속도가 빨라진다.

현대 사회에 없어서는 안 될 디지털 인프라는 반도체를 바탕으로 성립되었으며, 그 시작은 트랜지스터의 발명이었다.

45 레이더의 발명, 안테나의 발달, 마그네트론

― 야기

● **전파의 활용과 레이더의 발명**

1896년, 마르코니는 무선 통신 기술을 실용화하여 세계의 거리를 좁혔다. 전파 기술은 라디오 방송과 TV 방송으로 발전했고, 통신은 단파 대역(HF)에서 초단파 대역(VHF), 극초단파 대역(UHF)으로 넘어가며 점점 파장이 짧고 주파수가 높은 전파를 사용하게 되었다. 오늘날 우리가 사용하는 스마트폰은 밀리미터파(30~300GHz, 10~1mm 파장)의 전파(대한민국 기준 3.5GHz 및 28GHz 대역)를 사용한다. 제6세대 이동 통신 시스템(6G)은 테라헤르츠파(100GHz~10THz, 3mm~30μm 파장)를 목표로 개발되고 있다.

전파는 원래 음성 통신과 방송에 주로 사용되었지만, 지금은 다양한 분야에서 활용되고 있다. 사용 주파수 대역이 점차 높아진 데에는 이유가 있다. 주파수가 높을수록 전송할 수 있는 정보량이 많아지기 때문이다. 미국의 정보 공학자이자 수학자인 클로드 섀넌(1916~2001)이 제시한 섀넌의 정리로 증명되었다시피 전송할 수 있는 정보량(초당 비트 수, bit/s)은 주파수 대역폭과 신호 대 잡음비(SNR, S/N)에 의해 정해진다. 주파수가 높을수록 시간당 파장이 진동하는 횟수(진동수)가 많으므로 더 많은 부호(0과 1)를 보낼 수 있다.

전파는 빛과 마찬가지로 파동이며, 물체에 닿으면 반사하여 되돌아오고 회절과 산란도 한다. 1873년에 맥스웰이 전자기파 이론을 완성했고, 1888년에 헤르츠가 실험으로 전자기파가 실존함을 증명했다. 헤르츠가 실험으로 확인한 전자기파는 맥스

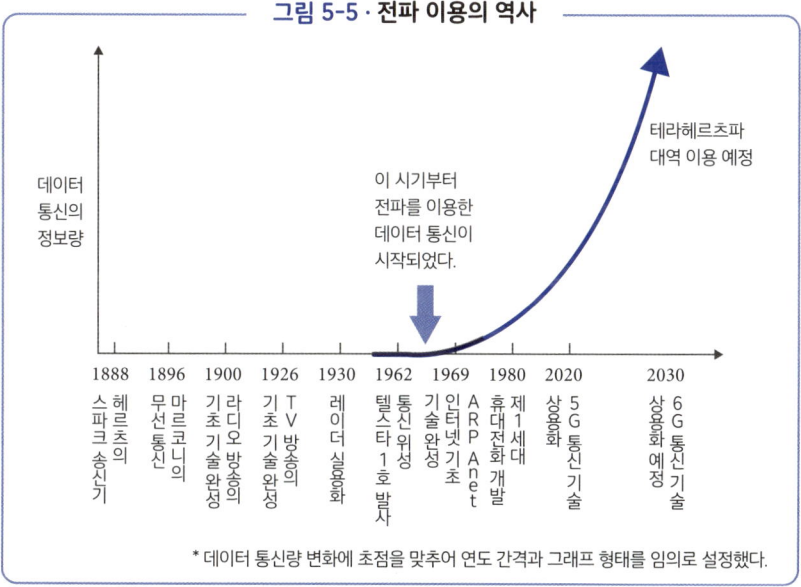

그림 5-5 · 전파 이용의 역사

* 데이터 통신량 변화에 초점을 맞추어 연도 간격과 그래프 형태를 임의로 설정했다.

웰이 예언한 대로 빛처럼 반사·회절·산란하는 성질이 있었다. 당시 사람들은 전자기파의 반사를 이용해서 물체를 감지할 수는 없을까 궁금해했다. 무선 통신 기술을 발명한 마르코니는 1922년에 전파의 반사를 이용하여 멀리 떨어진 선박을 탐지하는 방법을 제안했다.

레이더는 전자기파의 반사를 이용하여 안테나에서 발사된 전파가 반사하여 돌아올 때까지의 시간을 통해 거리를 구하고, 전파를 발사한 방향을 통해 대상의 방향과 위치를 감지하는 기술이다. 전파의 반사를 이용하여 대상까지의 거리를 측정할 수 있다는 사실을 최초로 깨달은 인물은 군대 소속 기술자였다. 반사된 전파로 적 함선이나 항공기의 위치를 파악할 수 있다면 전황을 유리하게 이끌 수 있다. 미국에서는 제1차 세계 대전 당시 연구를 시작하여 1930년에 실용적인 레이더를 완성했다.

한편 일본은 1930년부터 육군과 해군에서 각각 군용 레이더 연구를 시작했다. 제2차 세계 대전 당시 일본군은 성능은 서양에 뒤떨어지지만 현장에 투입할 수 있는 수준의 레이더를 운용하여 멀리 떨어진 적 폭격기 편대를 파악하고 공습경보를 내렸다. 당시 레이더는 거리와 방향은 탐지할 수 있었지만, 고도까지는 파악하지 못했다. 한 대는 130km, 편대라면 250km 너머까지 탐지할 수 있었으니 실용성 면에서는 떨어졌지만, 적기가 더 가까이 근접하기 전에 위치를 알고 요격 태세를 갖출 시간을 벌기에는 충분했다.

● 야기 안테나를 발명한 야기 히데쓰구

레이더는 펄스 상태의 전자기파를 짧은 주기로 발사하여 대상에 닿은 펄스가 되돌아오기까지 걸린 시간을 통해 거리를 구한다. 방향을 포착하기 위해 파라볼라 안테나 야기 안테나처럼 가느다란 지향성 안테나가 빙글빙글 회전하며 펄스를 수신한다. 안테나의 회전 속도나 펄스의 간격에 따라 다르지만, 목표물에 반사된 파동은 수 초에서 수십 초에 한 번씩 스크린에 표시된다. 제2차 세계 대전 당시에는 파장이 긴 미터파 대역(200MHz)의 주파수를 사용했다. 오늘날 레이더는 IEEE 표준 대역 기준 L 밴드(1GHz), C 밴드(5GHz), X 밴드(9.7GHz), S 밴드(2.8GHz) 등 고주파수 대역의 전파를 사용한다. 최근에는 자동차에도 충돌 방지용 거리 감지 레이더가 설치되어 있는데, 수십 cm~수 m의 근거리를 측정하므로 일반 레이더보다 더 높은 주파수 대역(60GHz/76GHz/79GHz)을 사용한다.

주파수는 레이더의 용도와 성능에 직결되는 요소이다. 주파수가 낮은 전파는 파장이 길어서 멀리까지 전달되지만 해상도가 낮다. 반대로 파장이 짧은 전파는 해상도는 높지만 대기 중에서 감쇠가 심해 먼 거리를 이동하지 못한다.

레이더 안테나를 발명한 인물은 일본의 공학자이다. 한때 집마다 지붕 위에 설치했던 생선 뼈처럼 생긴 TV 방송 수신용 안테나가 야기 안테나이다. 지향성이 강하다는 점이 특징인데, 지향성이 강하면 멀리서 들어오는 약한 전파를 증폭하여 수신할 수 있다. 그리고 송신에 쓰이는 빔을 집중시켜 목표물을 향해 강한 전파를 송신할 수도 있다.

야기 안테나는 도호쿠제국대학 교수 야기 히데쓰구(1886~1976)와 그의 조수 우다

신타로(1896~1976)가 1924년에 발명했다. 두 사람의 이름을 따 야기-우다 안테나라고도 한다. 안테나를 발명하는 계기가 된 인물은 당시 도호쿠제국대학의 학생이었던 니시무라 유지였다. 그는 코일의 성능을 분석하기 위해 전자기파를 발생시켰을 때 안테나 주위에 둔 코일에 전류가 흐르는 양상을 시험하고 있었다. 이때 코일을 특정 위치에 두자 대량의 전류가 흘렀다. 야기와 우다는 이 현상을 자세히 연구했고, 안테나의 금속 봉 길이와 간격이 관련되어 있음을 알아냈다. 주파수에 맞게 공진하는 길이로 조정하면 대량의 전류가 흐른다. 즉, 이 길이일 때 안테나의 감도가 높다. 야기 안테나는 높은 주파수의 전파에서 지향성이 매우 좋아 TV 방송은 물론 원거리 통신에서도 쓰이게 되었다.

야기 안테나는 군사용으로도 사용되었다. 국제 정세가 불안정했던 당시에는 고도의 군사 기술이 요구되었다. 군은 야기 안테나의 높은 지향성에 주목했고, 레이더 안테나로 활용하고자 했다. 비교적 크기가 작았던 야기 안테나는 항공기에 설치된 레이더의 안테나에 적합했다.

실제로 레이더를 사용하려면 전파의 출입구를 담당하는 야기 안테나뿐만 아니라 높은 주파수의 전파를 만들어내는 발신기도 필요하다. AM 방송이나 FM 방송처럼

그림 5-6 · 야기 안테나

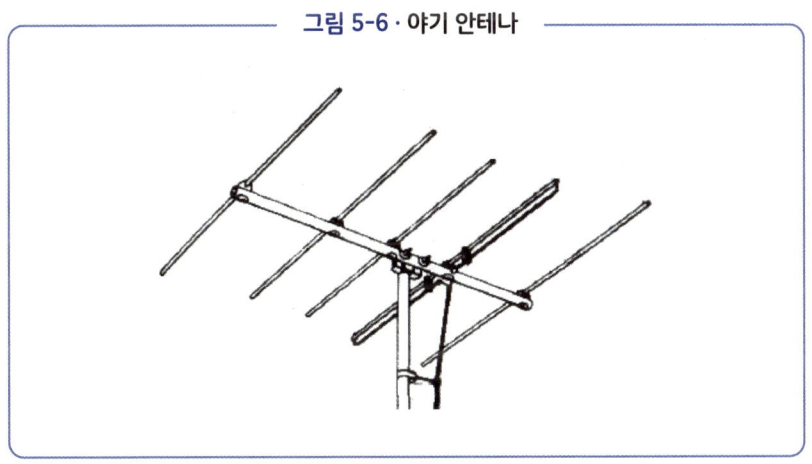

주파수가 낮은 전파와 달리 레이더에 쓰이는 단파장 전파를 만들 때는 진공관의 일종인 마그네트론이라는 장치를 사용한다. 마그네트론은 제너럴일렉트릭에 재직하던 앨버트 헐(1880~1966)이 1920년에 발명했다. 1924년에는 체코슬로바키아의 아우구스트 자체크(1886~1961)와 독일의 에리히 하반(1892~1968)이 최대 1GHz의 전파를 발생시키는 마그네트론을 발명했다. 그리고 1927년에는 일본의 오카베 긴지로(1896~1984)가 10GHz의 전파를 발생시키는 마그네트론을 발명했다. 마그네트론과 야기 안테나의 발명으로 레이더 기술은 눈에 띄게 발전했다.

레이더 기술이 최초로 쓰인 곳이 전쟁터였다는 사실은 안타깝지만, 레이더가 발명된 덕에 적기의 습격을 미리 알고 방공호로 들어갈 시간을 벌어 수많은 사람이 목숨을 구했다는 점도 무시할 수 없다.

그림 5-7 · 마그네트론의 단면

© HCRS Home Labor Page

● 항공 분야에서 활약한 레이더

레이더 기술은 제2차 세계 대전을 기점으로 급속도로 발전했다. 반도체의 등장 및 일렉트로닉스(electronics) 기술의 발전과 맞물려 수요가 급증했기 때문이다. 가장 큰 수요는 항공 관제 레이더였다. 하늘을 가로지르는 항공기가 늘었는데, 이 기체들이 서로 안전거리를 유지하면서 연료와 시간을 효율적으로 사용하려면 레이더가 필요했다. 항공 관제 레이더에는 항로 관제 레이더, 공항 관제 레이더, 지상 관제 레이더 등이 있다. 그중 항로 관제 레이더에는 항로 감시 레이더(ARSR)와 해상 항로 감시 레이더(ORSR)가 있으며, 항로가 설정된 고고도 관제를 담당한다. 비행장 관제용 레이더에는 공항 감시 레이더(ASR)와 공항면 탐지 레이더(ASDE)가 있다. 공항 감시 레이더는 공항 주변 60마일 이내의 이착륙 및 그 전후 단계에 있는 항공기를 감시한다(출발 관제·진입 관제). 이러한 레이더는 회전하는 지향성 안테나로 1GHz/2.7GHz 대역의 펄스파를 발신하여 대상에 반사되어 돌아온 전파로 목표물을 포착한다. 이때 안테나는 ARSR의 경우 분당 6회, ASR의 경우 분당 15회 회전한다.

레이더는 원래 반사파를 그대로 포착하여 레이더 스크린에 비출 뿐이었지만, 이대로라면 항공기의 크기나 수를 파악할 수 없다. 그래서 지상의 레이더에서 보내온 신호를 받으면 비행 데이터를 송신하는 장치인 '트랜스폰더'가 항공기에 설치되어 있다. 지상에서 항공기의 위치를 계산하는 레이더를 1차 레이더, 비행 데이터를 지상에 송신하는 레이더를 2차 레이더라고 한다. 항공기에서 보내온 신호는 컴퓨터로 해석되어 관제에 필요한 비행 데이터(항공 편명, 고도, 속도, 상승률·강하율 등)를 정리하여 레이더 스크린에 표시한다.

앞에서 언급한 레이더 안테나의 회전수에 설명을 덧붙이자면, 오늘날에는 작은 안테나를 여러 개 배치하여 안테나가 회전하지 않더라도 각 안테나에 들어오는 반사파의 위상 차이로 방향을 파악하는 위상 배열 안테나를 사용한다. 기계적 회전이 없으므로 잘 고장 나지 않고 스캔 속도가 빠르다는 장점이 있다. 이지스함(강력한 방어 능력을 지닌 현대 해군 방공함-옮긴이)의 함교 옆에 달린 평면형 레이더 안테나가 바로 위상 배열 안테나이다. 그리고 전투기 기수 부분에 있는 레이돔 내부에는 목표물을 포착하여 미사일을 발사하는 화기 관제 레이더가 들어 있다. 가동부가 없으므로 무거운 하중을 버티며, 빠르게 스캔할 수 있어 고속 비행하는 목표물을 놓치지 않고 조준하는 등 컴퓨터로 다양한 기능을 수행한다는 장점이 있다.

● 레이더의 평화적 이용

일상에서도 다양한 레이더를 찾을 수 있다. 기상 레이더가 대표적이다. 기상 레이더는 빗방울이나 눈에 맞고 반사된 전파(5GHz/9.7GHz 대역)를 통해 강수량과 강수 강도, 강수 지역까지의 거리를 측정한다. 고도는 안테나의 앙각을 바꿔가며 스캔하여 감지한다.

기상 레이더에는 도플러 레이더 기능도 있다. 도플러 효과를 이용한 도플러 레이더는 빗방울의 움직임을 통해 상공의 풍향과 풍속을 구할 수 있다.

이처럼 기술이 발전하면서 레이더 감시는 더욱 정밀해졌다.

오늘날에는 우주나 항공기에서 전파와 레이저로 지상의 고저 차와 식생을 정밀하게 관측하는 리모트 센싱 기술로 3D 맵을 만든다. 이러한 리모트 센싱은 레이저의 새로운 활용 방법으로 주목받고 있다. 3D 매핑은 지구에서만 쓰이는 기술이 아니다. NASA는 미래에 인간이 달과 화성에서 활동할 기지를 건설할 때 활용할 수 있도록 3D 매핑으로 달과 화성의 지도를 만들고 있다.

과학기술의 판도를 바꾼 레이저의 발명

―― 타운스, 숄로

● **레이저의 발명**

제2차 세계 대전의 종전과 함께 과학기술은 하루가 다르게 발전했다. 새로운 무대에 진입했다고 해도 과언이 아니다. 좋든 싫든 전 세계가 전쟁에 이기기 위해 과학기술력을 높이는 데 필사적으로 매달렸다. 그리고 전쟁이 끝나고 평화가 찾아오자 전쟁 중에 싹튼 신기술을 사업에 활용하려는 움직임이 나타났고, 과학기술의 발전은 이제 군사 목적이 아닌 경제 경쟁을 목표로 하게 되었다.

과학기술의 혁명적 전환이 일어난 계기는 트랜지스터 컴퓨터(하드웨어)와 정보 기술(소프트웨어)의 발명이었다. 이를 기점으로 사회는 아날로그에서 디지털 사회로 접어들었다. 그리고 세상을 바꾼 또 다른 기술이 있다면 레이저가 아닐까.

'레이저(LASER)'는 Light Amplification by Stimulated Emission of Radiation의 앞 글자를 따서 만든 조어로, 해석하면 '복사 유도 방출에 의한 빛의 증폭'이다. 전자에 빛을 비추면 전자가 에너지를 얻고 높은 궤도로 올라왔다가 다시 원래 궤도로 돌아오는데, 이때 빛의 형태로 에너지를 방출하는 현상을 '유도 방출'이라고 한다. 에너지 방출을 조절하면 레이저를 얻을 수 있다.

레이저는 주파수가 일정한 단색광으로, 파장과 위상이 일관된 빛이다. 지향성이 강해 감쇠가 적다는 특징이 있다. 가시광 대역을 포함하여 적외선에서 자외선, X선까지 폭넓은 파장의 레이저를 만들 수 있다.

제5장 정보 과학과 컴퓨터의 발달 ― 20세기 후반

227

레이저를 최초로 발명한 인물은 미국의 물리학자 찰스 타운스(1915~2015)이다. 1954년, 타운스는 암모니아 가스로 유도 방출을 일으켜 마이크로파(1.25GHz)를 만드는 데 성공했다. 이 장치는 빛보다 파장이 긴 마이크로파를 발생시킨다고 하여 Microwave Amplification by Stimulated Emission of Radiation의 앞 글자를 따서 '메이저(MASER)'로 불렸다. 타운스와 함께 벨 연구소에 재직했던 물리학자 아서 숄로(1921~1999)도 레이저 기초 연구에 동참했고, 1960년에는 마침내 미국의 물리학자 시어도어 메이먼(1927~2007)이 루비 레이저를 개발하는 데 성공했다. 파장이 694.3nm인 빨간 빛을 방출하는 최초의 고체 레이저였다. 타운스는 1964년에, 숄로는 1981년에 노벨 물리학상을 받았다.

레이저는 유도 방출의 매체에 따라 고체 레이저, 가스 레이저, 액체 레이저, 반도체 레이저 등으로 분류되며, 용도에 맞게 구분하여 사용된다.

레이저는 레이저 가공, 의료(레이저 메스, 암 치료), 물체 형상의 정밀 측정, 리모트 센싱(항공기에서 실행하는 지표 정밀 측정), 라이다(LiDAR, 레이저를 사용한 레이더) 등 여러 분야에서 쓰이며 발전을 거듭했다. 그리고 레이저를 분광에 사용하면 물질의 스펙트럼을 상세하게 측정할 수 있다. 레이저의 비선형 효과(강한 전기장에서 나타나는 특수한 현상)를 이용한 고차원적 분광 분석도 이루어지고 있으며, 차세대 에너지로 주목받고 있는 핵융합로의 열핵융합에 필요한 고온·고압 조건을 만들기 위해 레이저를 이용하는 방법 역시 연구 중이다. 이와 반대로 레이저로 절대 영도에 가까운 온도까지 냉각시키는 레이저 냉각 기술도 있다. 모든 방향에서 레이저를 발사하면 물질이 압축되어 분자와 원자의 운동이 멈추고 열역학적으로 온도가 0에 가까워지는 원리를 이용한다. 그 밖에도 CD와 DVD의 데이터에 접근할 때 사용하는 광원 역시 레이저이다.

● 레이저의 가장 큰 성과는 광통신

레이저 기술은 디지털 통신의 초고속화·초고도화를 가능하게 했다는 데에 의의가 있다. 일반 광원은 다양한 색이 섞인 백색광으로, 레이저보다 태양 빛에 가까워 조명으로 쓰기에는 좋았지만 다른 용도로는 적합하지 않았다. 그러나 레이저는 파장과 위상이 일정하므로 통신용으로 사용할 수 있다. 공기 중에서는 공기 분자에 막혀 진로가 한정되지만(출력을 늘릴수록 멀리 이동한다), 매질을 바꾸면 매우 안정적으로 멀리까지 이동할 수 있다. 이 성질을 이용한 발명품이 광섬유이다. 광섬유는 굴절률이 다른 석영 유리의 이중 구조로 되어 있으므로 광섬유 안쪽에서 발사된 레이저는 내부에서 전반사하며 멀리까지 전달된다.

레이저의 발명은 광섬유의 발명으로 이어졌고, 현대의 초고도 디지털 통신망을 이루는 축이 되었다.

● **초고속 전송을 가능하게 한 광섬유**

광섬유는 레이저를 전달하는 매체이다. 거리를 걷다가 고개를 들면 전봇대를 따라 이어진 수많은 케이블을 볼 수 있다. 옛날에는 전력선과 전화선 정도밖에 없었지만, 지금은 훨씬 많은 케이블이 연결되어 있다. 이 케이블의 대다수가 광섬유 케이블이다. 광섬유는 인터넷을 시작으로 현대 사회에 없어서는 안 될 통신 인프라의 일부가

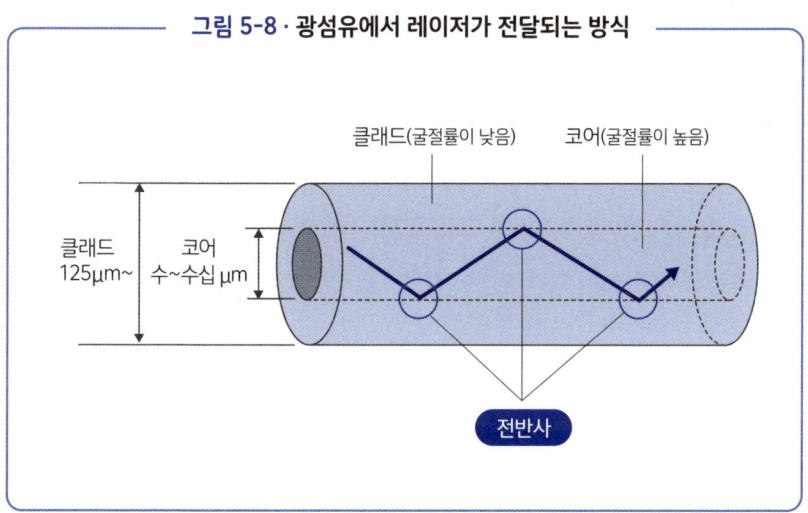

그림 5-8 · 광섬유에서 레이저가 전달되는 방식

되었다.

광케이블 안에는 석영 유리로 만든 125μm 두께의 광섬유가 들어 있다. 이 가느다란 광섬유를 따라 빛이 전달된다. 광섬유는 '코어'라는 중심부와 코어를 감싸는 '클래드'의 이중 구조로 이루어져 있다. 코어는 클래드보다 굴절률이 약간 높은 재료로 만들기 때문에 빛은 코어와 클래드의 경계면에서 반사되면서 전달된다. 재질은 석영 유리이며, 광섬유를 지나는 빛은 1,550nm 파장이 표준 규격인 적외선 레이저이다. 파장이 1,550nm일 때 가장 멀리 이동하며, 광섬유 케이블을 따라 이동하는 동안 감쇠가 적다. 실제로 운용할 때는 중간에 신호를 증폭하는 중계기가 수십~수백 km 간격으로 설치되어 있다.

광섬유는 기본적으로 싱글 모드이므로 한 파장의 빛을 전달하는데, 끌어올리는 속도에 한계가 있다. 그래서 광섬유 한 가닥 안에 파장이 서로 다른 빛을 여러 개 집어넣는 파장 분할 다중(WDM) 방식 혹은 특수한 변조 방식으로 전송 속도를 높인다.

전송 속도는 기간망용 광섬유 기준 초당 23페타비트(Pbps)이다(출처: NICT 프레스 릴리스, 2023년 10월 5일호). 여기서 '페타'는 1,000조 배를 나타내는 접두어로, 1페타바이트(PB)는 1,000테라바이트(TB)에 해당한다. 초당 23페타비트는 1테라바이트짜리 하드디스크나 SSD를 꽉 채울 데이터를 약 3,000분의 1초 만에 전송할 수 있는 속도이다.

레이저가 아니었다면 빛에 이 정도의 데이터를 실어 보낼 수 없었을 테니, 광섬유는 그야말로 컴퓨터와 함께 20세기 후반을 상징하는 혁신적 기술이라고 해도 손색이 없을 것이다. 계산을 처리하는 주체가 컴퓨터라면 컴퓨터를 네트워크에 연결하여 능력을 몇 배로, 아니 무한대로 끌어올린 주역은 네트워크를 구축한 기술인 광섬유였다.

광섬유는 유리뿐만 아니라 플라스틱으로 만들기도 한다. 석영 유리만큼 투명하지는 않아서 근거리용 저가 광섬유로 가정용 전자 제품에 들어간다.

● **광섬유의 발명**

그렇다면 광섬유는 언제 어떻게 발명되었을까?

물의 굴절률은 1.333으로, 1.0인 공기보다 크므로 물이 흐르는 관을 지나는 빛은 대부분 물속에서 이동한다. 이 때문에 물의 흐름이 바뀌면 빛의 경로도 바뀌는데, 이를 광섬유의 원리를 설명할 때 사용하는 전문 용어로는 '콜라동의 샘'이라고 한다. 스위스의 물리학자 장 다니엘 콜라동(1802~1893)이 1842년에 시연한 실험으로, 흐르는 물에 빛을 쏘면 빛이 물줄기를 따라 이동한다. 틴들 현상(가시광선과 파장이 비슷한 미립자가 분산된 환경을 빛이 통과할 때 빛이 산란하면서 경로가 보이는 현상)을 발견한 인물로 유명한 영국의 물리학자 존 틴들(1820~1893)도 비슷한 실험으로 굴절률이 다른 매질에서는 빛이 전반사하며 나아가는 현상을 증명했다. 이 원리는 이후 인체 내부를 외부에서 들여다보는 내시경 카메라 등에 활용되었으며, 1960년대에는 통신에도 적용되었다.

통신용 광섬유를 최초로 개발한 인물은 영국 스탠더드 텔레커뮤니케이션 연구소의 물리학자 찰스 K. 가오(1933~2018)와 조지 호컴(1938~2013)이다. 1966년에 최초의 통신용 광섬유가 등장한 이후 1970년에 미국 코닝에서 투명도가 높은 광섬유용 유리를 개발하면서 본격적인 광섬유 시대가 열렸다. 가오는 2009년에 노벨 물리학상을 받았다.

광통신의 아버지로 불리는 일본의 니시자와 준이치 역시 광섬유 구현에 이바지한 연구자이다. 그는 가오와 호컴보다 먼저 광섬유를 발명했지만, 국가의 무관심으로 발명의 가치는 제대로 평가받지 못했고, 연구는 더 이상 진전되지 못했다.

그림 5-9 ·
니시자와 준이치

ⓒ 일본학사원

계산기 이론의 등장

 —— 튜링, 노이만, 섀넌

● **컴퓨터의 원리를 발명한 튜링**

20세기 후반에 일어난 정보 기술과 정보 과학의 '빅뱅'은 사회에 엄청난 변화를 불렀다. 그리고 그 최초의 계기를 만든 인물은 앨런 튜링(1912~1954)이었다. 영국 태생의 천재 수학자 튜링은 제2차 세계 대전 당시 절대로 뚫리지 않는 암호라고 불릴 만큼 강력했던 독일의 에니그마를 해독한 인물로 유명하다.

튜링은 오늘날 컴퓨터의 기본 원리를 고안한 인물이기도 하다. 1936년에 튜링이 제안한 가상의 기계, 튜링 머신이 그것이다.

튜링 머신에는 종이테이프가 들어 있고, 테이프에 기록된 기호를 읽어들이거나 새로 작성하는 헤드가 달려 있다. 종이테이프는 정방향으로도 역방향으로도 움직이며, 작동 순서는 다음과 같다. 종이테이프에 기록된 '··(1)'이라는 기호를 읽고 기록했다면 그다음에는 '···(2)'라는 기호를 읽어들인다. 종이테이프에 적힌 알고리즘(계산 절차) 중 'add(+)'를 고르면 '····(3)'이라는 답이 테이프에 기록된다. 정

그림 5-10 ·
튜링 머신

© Rocky Acosta

보를 입력하면 미리 설정된 알고리즘에 따라 계산된 결과가 출력되는 원리이다. 종이테이프에 기록된 알고리즘을 변경할 수도 있다.

튜링 머신은 '입력 → 처리(알고리즘) → 출력'이라는 컴퓨터의 기본 원리를 그대로 따른다. 그리고 알고리즘(프로그램)을 변경하면 다양한 계산 처리를 할 수 있다는 점에서도 노이만형 컴퓨터로 불리는 오늘날의 컴퓨터와 같다. 노이만형 컴퓨터는 축차 처리 방식, 즉 컴퓨터에 내장된 프로그램이 지시하는 절차에 따라 차례대로 계산을 수행하는 컴퓨터를 가리킨다. 이 프로그램은 유저가 변경할 수 있으므로, 노이만형 컴퓨터는 내장된 프로그램에 따라 어떤 계산도 수행할 수 있는 범용성을 내재한 셈이다.

● **수학의 천재, 노이만**

1947년, 노이만형 컴퓨터의 아키텍처를 고안한 인물은 정보과학의 세계에서 튜링과 어깨를 나란히 하는 천재, 존 폰 노이만(1903~1957)이다. 헝가리 출신의 미국인 수학자 노이만은 수학뿐만 아니라 물리학과 컴퓨터 과학, 게임 이론 등 여러 분야에서 눈부신 업적을 남겼으며, 미국의 원자 폭탄 개발 계획인 맨해튼 프로젝트에 참가한 인물로도 유명하다. 그는 수학이라는 도구로 수많은 분야에서 시대를 앞선 성과를 남긴 천재였다.

튜링과 노이만은 20세기 중반에 컴퓨터 과학의 기본적인 아키텍처를 구축하여 후대 발전의 기틀을 세운 인물이라고 할 수 있다. 에니악에서 시작된 근대 컴퓨터의 역사는 24쪽을 참고하자.

● **정보 이론의 선구자, 섀넌**

컴퓨터는 0과 1이라는 기호를 사용하는 2진법 계산기이다. 2진수로 논리 계산을 할 수 있음을 처음으로 입증한 인물은 미국의 정보 공학자이자 수학자인 클로드 섀넌(1916~2001)이다. 1938년, 섀넌은 「계전기와 스위치 회로의 기호학적 분석」이라는 논문을 집필하여 2진수로 디지털 방식의 계산이 가능함을 보였다. 이 논문은 현대 컴퓨터의 기초를 마련했다는 평가를 받는다. 한편, 일본에도 비슷한 연구를 한 연구자가 있었다. 일본 전기(NEC)에서 계전기 회로 연구를 했던 나카시마 아키라(1908~1970)이다. 나카시마는 섀넌보다 빠른 1935년에 이론을 발표했다.

섀넌은 1948년에 「통신의 수학적 이론」이라는 논문을 발표하여 현대 정보 이론의 확립에 이바지했다. 디지털 정보의 부호화, 데이터 압축, 오류 수정, 통신으로 전송할 수 있는 정보량의 한계 등 컴퓨터를 사용하거나 네트워크로 정보를 전송할 때 고려해야 하는 '모든' 개념을 확립한 인물이 바로 섀넌이었다.

우주 개발 기술의 발전

—— 이토카와, 폰 브라운

● 연필 로켓에서 시작된 로켓의 역사

1955년 4월 12일, 일본 도쿄 고쿠분지시 지하 발사장에서 길이 23cm짜리 소형 로켓이 발사되었다. 수평으로 발사했기 때문에 엄밀히 말하면 쏘아 올렸다고는 할 수 없지만, 이는 일본 최초의 로켓이었다. 개발의 주역은 도쿄대학 생산기술연구소의 이토카와 히데오(1912~1999)가 이끈 개발팀이었다. 고체 연료형인 이 로켓의 속도는 약 200m/s(720km/h), 비행 거리는 약 10m였다.

지금도 그렇지만, 당시 막 새로운 개척지로 떠오른 우주를 목표로 미국과 소련(현 러시아)은 로켓 개발에 나섰다. 과학 연구를 위해서이기도 했지만, 양국 사이에 냉전이 한창이었던 1950년대에는 원자 폭탄과 수소 폭탄을 탑재해서 발사하려면 로켓이 필요했기 때문이다. 다른 대륙을 향해 1km가 넘는 거리를 비행하는 로켓은 2단, 3단으로 가속하면서 우주로 날아갈 속도(제1 우주 속도, 약 7.9km/s)를 얻는다. 이렇게 강력한 로켓이라면 우주로 향할 수도 있고, 대륙 간 탄도 미사일이 되어 원하는 곳에 폭탄을 떨어뜨릴 수도 있다.

지금은 과학 연구에 초점을 맞춰보자. 국제지구물리관측년(IGY)은 1957년부터 시작된 우주 관측 프로젝트이다. 지구의 고층 대기와 전리층을 비롯한 지구 근방의 우주 공간을 연구하는 국제 프로젝트로, 1957년 7월 1일부터 1958년 12월 31일까지 진행되었다. 1957년 10월 4일에는 최초의 인공위성인 소련의 스푸트니크 1호가,

11월 3일에는 라이카라는 개를 태운 스푸트니크 2호가 발사되었다. 그리고 1961년 4월 12일에는 소련의 유리 가가린(1934~1968)이 보스토크 1호를 타고 인류 최초로 우주에 나갔다. 가가린은 우주에서 지구를 내려다보며 "지구는 푸르다"라는 역사에 남을 명언을 남겼다.

● 미국의 우주 개발

소련과 어깨를 나란히 하는 강대국 미국도 가만히 있지는 않았다. 제2차 세계 대전 이후 확립된 동서 냉전 체제에서 소련에 대한 미국의 경쟁의식은 어마어마했다. 스푸트니크 1호의 발사를 보고 미국 정부가 충격받은 사건은 '스푸트니크 쇼크'라는 이름으로 역사에 기록되었다. 뒤처지고 싶지 않았던 미국은 스푸트니크 1호가 발사된 지 고작 4개월 만인 1958년 1월 31일에 미국 최초의 인공위성 익스플로러 1호를 쏘아 올렸다. 과학 관측 위성으로 활약한 익스플로러 1호는 밴앨런대를 발견한 것으로 유명하다. 밴앨런대는 지구 주위에 존재하는 방사선대로, 미국의 물리학자 제임스 밴앨런이 익스플로러 1호의 관측 데이터를 해석하여 1958년에 발견했다.

● 치올콥스키, 코롤료프, 폰 브라운

우주로 날아갈 수 있는 로켓의 기초 원리를 설계한 인물은 러시아의 콘스탄틴 치올콥스키(1857~1935)이다. 가스를 분사한 반작용으로 나는 로켓의 원리를 제안했고, 1897년에는 치올콥스키 공식을 발표하여 지구 주위를 도는 위성의 속도를 구했다. 이러한 업적을 기리기 위해 그를 우주 비행의 아버지로 부른다. 한편, 실제로 스푸트니크 위성을 개발하고 지휘한 인물은 우크라이나 출신의 러시아(구 소련) 로켓 기술자 세르게이 코롤료프(1907~1966)였다. 코롤료프는 치올콥스키에게 여러모로 영향을 받았다.

20세기 후반에 들어 우주 개발 기술은 크게 발전했다. 특히 미국의 로켓·우주 탐사선 기술은 뛰어난 성과를 거두었다. 미국의 우주 개발을 지휘한 인물은 인류를 달에 보내는 아폴로 계획의 책임자 베르너 폰 브라운(1912~1977)이었다. 폰 브라운은 오늘날의 폴란드에서 태어나 독일에서 공학을 배웠고, 제2차 세계 대전 중에 독일의 V-2 로켓을 개발했다. 1945년, 그는 로켓 개발에 참여했던 100여 명의 기술자를 데리고 미국으로 건너가 미국의 로켓 기술 연구를 주도했다. 폰 브라운이 아니었다면 미국의 로켓 개발은 훨씬 늦어졌을지도 모른다.

1969년 7월 20일에는 아폴로 11호 탐사선이 달에 착륙했고, 두 미국인 우주 비행사가 달에 발자국을 남겼다. 달에 내려선 두 사람은 닐 암스트롱(1930~2012)과 버즈 올드린(1930~)이다. 그리고 우주선에서 내리지는 않았지만, 달 주위를 도는 사령선에 남아 통신 중계 등 중요한 임무를 맡았던 마이클 콜린스(1930~2021)도 있었다.

아폴로 계획이 끝난 뒤에도 국제우주정거장(ISS)을 비롯한 우주선들은 지구 주위를 돌며 유인 우주 비행을 계속하고 있다. 오늘날에는 다시 인류를 달에 보내려는 아르

그림 5-11 · 달에 발을 내디딘 인류

테미스 계획이 진행 중이며, 무인 탐사선뿐만 아니라 보이저처럼 태양계를 벗어나 우주를 비행하는 탐사선까지 등장했다. 우주에 사람을 보내려면 생명 유지에 필요한 방대한 비용을 고려해야 하므로, 우주 개발과 천문학의 발달을 위해서는 무인 탐사선의 역할이 중요하다.

49 항공 기술의 발전과 초음속 비행기의 등장

—— 라이트 형제

● 플라이어 1호의 첫 비행에 담긴 의미

1903년에 라이트 형제가 최초로 유인 동력 비행기 플라이어 1호를 타고 비행한 이래로 비행기는 하루가 다르게 발전했다. 19세기 말~20세기 초는 소형 경량 엔진으로 마력만큼의 힘을 내는 엔진이 개발되는 한편, 주날개의 양력 이론과 조종 기술이 서서히 정립된 시대였다. 전 세계의 기술자들이 선행 연구를 이어받아 사람이 탈 수 있는 비행기를 개발하기 위해 치열한 경쟁을 벌였으니, 라이트 형제의 첫 비행은 시대의 흐름에 부합하는 사건이었다고 볼 수 있다.

라이트 형제도 비행기를 만들 때 단순히 기술적 호기심으로만 접근하지는 않았다. 그들도 사업적인 관점에서 바라보았다. 5년 후인 1908년에 만든 개량형 플라이어 A 모델은 비행 지속 시간이 1시간을 넘을 만큼 실용성이 커졌다. 라이트 형제의 발명품을 매입한 곳은 군대였다. 군대는 라이트 형제의 비행기를 정찰과 공격에 쓰고자 했다. 첫 비행으로부터 약 10년 후, 제1차 세계 대전(1914~1918)이 발발했다. 각 나라는 전쟁에서 이기기 위해 필사적으로 연구를 거듭했고, 이는 항공 기술의 발전으로 이어졌다.

당시 독일과 영국의 주력 전투기 성능을 비교하면 다음과 같다.

- 포커 D.VII

(제조사: 독일 포커, 첫 비행 연도: 1918년)

최고 속도: 176km/h

항속 거리: 450km

엔진: 왕복 엔진(180마력)

최대 운항 고도: 7,000m

최대 이륙 중량: 880kg

인원: 1명

- 솝위드 캐멀

(제조사: 영국 솝위드 항공사, 첫 비행 연도: 1916년)

최고 속도: 185km/h

항속 거리: 455km

엔진: 왕복 엔진(130마력)

최대 운항 고도: 6,400m

최대 이륙 중량: 660kg

인원: 1명

겨우 수십 년 전에 만들어진 플라이어 1호와는 성능이 확연히 달랐다. 포커나 솝위드 캐멀의 성능은 프로펠러를 구동하는 왕복 엔진(피스톤의 왕복 운동을 회전 운동으로 바꾸어 에너지를 얻는 엔진, 레시프로 엔진이라고도 한다)을 1개 탑재한 현대의 소형기와 거의 같은 수준이었다. 전 세계에서 4만 대 이상 팔린 베스트셀러 소형기 세스나 172의 사양은 다음과 같다.

- 세스나 172

최고 속도: 233km/h	
항속 거리: 1,100km	
엔진: 왕복 엔진(180마력)	
최대 운항 고도: 4,267m	
최대 이륙 중량: 1,157kg	
인원: 4명	

* 시리즈에 따라 수치가 약간 다를 수 있다.

© Peter Bakema

 이렇게 놓고 보면 현대의 일반인용 소형기와 거의 비슷한 성능을 제1차 세계 대전 당시 이미 구현한 셈이다. 차이가 있다면 오늘날처럼 주날개가 한 개인 단엽기가 아니라 두 개인 복엽기라는 점이다. 당시에는 기체의 구조와 재료의 강도가 충분치 않았던 탓에 강도를 유지하려면 복엽기로 만들어야 했다. 전투기처럼 격렬하게 방향을 바꾸는 비행기에는 당시 기체 기준으로 6G, 즉 1G의 6배에 이르는 하중이 걸렸기 때문에 이를 버티는 강도가 필요했다. 주날개가 두 개라면 방향키를 조작하기 쉽고, 날개의 면적이 작아도 필요한 양력을 얻을 수 있으므로 기동성을 살려 공중전을 유리하게 이끌 수 있었다. 그러나 공기 저항이 큰 탓에 속도는 별로 빠르지 않았다.
 이처럼 라이트 형제가 플라이어 1호를 발명한 지 약 10년 만에 기술은 눈부신 발전을 이루어 현대의 비행기와 비슷한 성능을 갖추게 되었다.

● 프로펠러기 성능의 한계

비행기는 그 뒤로도 발전하여 제2차 세계 대전 당시에는 정점에 이르렀고, 프로펠러가 달린 비행기는 기술의 한계를 맞이했다. 사상 최강의 프로펠러기로 불리는 리퍼블릭 P-47D 선더볼트(1941년 첫 비행)의 사양은 다음과 같다.

- P-47D30

최고 속도: 690km/h

항속 거리: 1,530km

엔진: 왕복 엔진(2,535마력)

최대 운항 고도: 1만 2,000m

최대 이륙 중량: 6,600kg

인원: 1명

 포커 D.VII와 비교하면 약 4배의 속도를 낼 수 있으며 최대 중량은 약 7.5배, 엔진 마력은 약 14배에 이른다. 기술은 20여 년 만에 이렇게까지 발전했다. P-47은 같은 세대인 P-51 머스탱과 함께 왕복 엔진을 탑재한 마지막 기체였다.

 이후 비행기는 한층 극적으로 발전했다. 제트 엔진과 초음속기의 등장으로 비행기는 엄청난 변혁을 맞이했다.

 제2차 세계 대전은 전투에서 승리하기 위해 세계 각국이 비행기의 성능 경쟁을 벌이는 각축장이었다. 한쪽이 성능 좋은 기체를 만들면 상대는 이를 웃도는 성능의 비행기를 개발했다. 비행기의 비행 성능은 속도와 비행 고도에 달려 있다. 적기보다 빠르면 뒤에서 추격하는 기체를 따돌리고 빠르게 전장에서 이탈할 수 있으며, 적기보다 높은 고도를 선점하면 전투를 유리하게 이끌 수 있다. 그러나 왕복 엔진과 프로펠러가 달린 기체는 한계가 명확했다.

 고공에서 엔진 출력을 유지하려면 터보 차저(엔진의 배기를 이용하여 공기를 압축하는 방식)나 슈퍼 차저(엔진의 회전으로 압축기를 가동하여 공기를 압축하는 방식) 방식의 과급기를 장착하여 흡기압(엔진에 들어오는 공기의 압력)을 높여야 한다. 왕복 엔진의 출력은 공기가 희박한 고고도에서도 흡기압을 높이기에 충분했지만, 프로펠러에 치명적인 단점이 있었다. 큰 추력을 내려고 프로펠러의 회전수를 올리면 날개 끝이 음속에 이르러 충격파가 발생하면서 프로펠러가 파손된다는 점이었다.

 가령 세스나 172의 프로펠러 지름은 1.9m인데, 회전수가 분당 3,410회가 되면 프로펠러 끝의 속도가 음속을 넘는다. 이 때문에 세스나 172는 분당 최대 회전수를 2,700회로 제한한다.

● **최초의 제트기**

성능에 한계가 있는 프로펠러기를 뛰어넘는 기체가 요구되었고, 이에 부응하여 제트 엔진이 등장했다. 제트 엔진은 1929년, 영국의 기술자 프랭크 휘틀(1907~1996)의 손에 탄생했다.

하인켈 He 178

1939년에는 휘틀의 논문에 영향을 받은 독일의 항공기 제조사 하인켈에서 He 178을 만들었다. He 178은 최초의 제트기였지만, 아직 실용적이라고는 할 수 없었다.

실용적인 최초의 제트 전투기는 1941년에 첫 비행을 마치고 1944년에 운용을 시작한 독일의 메서슈미트 Me 262였다. 비행 속도는 시속 약 870km로, 프로펠러기로는 절대 도달할 수 없는 속도였다.

당시 다른 나라에서도 제트 전투기 개발에 나섰다. 영국은 글로스터 미티어를 만들어 1943년에 첫 비행을 마친 후 다음 해 실전에 투입했다.

일본에서는 1945년에 최초의 자국 개발 엔진인 네10을 생산했고, 개량형인 네12와 네20을 탑재한 제트 전투기 깃카를 만들었다. 깃카는 1945년 8월 7일 첫 비행에 성공했지만, 그로부터 약 일주일 후 전쟁이 끝나면서 이는 첫 비행이자 마지막 비행이 되었다.

● **제트 여객기의 등장**

제2차 세계 대전이 끝날 무렵 전투기와 폭격기는 대부분 제트기로 대체되었다. 1952년에는 더 해빌런드에서 만든 DH.106 코멧이라는 제트 여객기가 상업 운항을 개시했다. 그리고 보잉에서 만든 보잉 727(1963년 첫 비행), 점보 제트로도 불리는 보잉 747(1969년 첫 비행)이 그 뒤를 이었다.

그러나 모든 여객기가 제트기로 대체된 것은 아니었다. 일부 여객기는 여전히 프로펠러기였지만, 왕복 엔진 대신 제트 엔진을 탑재한 터보프롭기였다. 이 기체들은 주로 근거리 노선을 운항했다.

여객기가 프로펠러기에서 제트기로 대체되면서 음속에 가까운 천음속으로 순항할 수 있게 되었고, 비행 고도도 성층권에 가까운 12km(4만 피트)까지 높아졌다.

제트 엔진 자체도 전후 약 70년이라는 세월 동안 여러모로 발전했다. 초기 제트 엔진인 터보 제트 엔진은 엔진 앞쪽에서 빨아들인 공기를 가속하여 후방으로 배출할 때의 반작용으로 추력을 얻었다. 기본적인 구조는 간단하다. 공기를 빨아들이는 쪽부터 순서대로 압축기, 연소기, 터빈, 배기 노즐로 이루어져 있다. 압축기로 공기를 약 40배까지 압축한 다음 연소실로 보내 등유 기반의 제트 연료와 혼합하여 연소한다. 이때 발생한 고온·고압의 가스로 터빈을 돌리는데, 터빈의 회전축이 압축기와 연결되어 있어 압축기가 함께 돌아간다. 압축기에 들어갈 때 연소 가스의 온도는 거

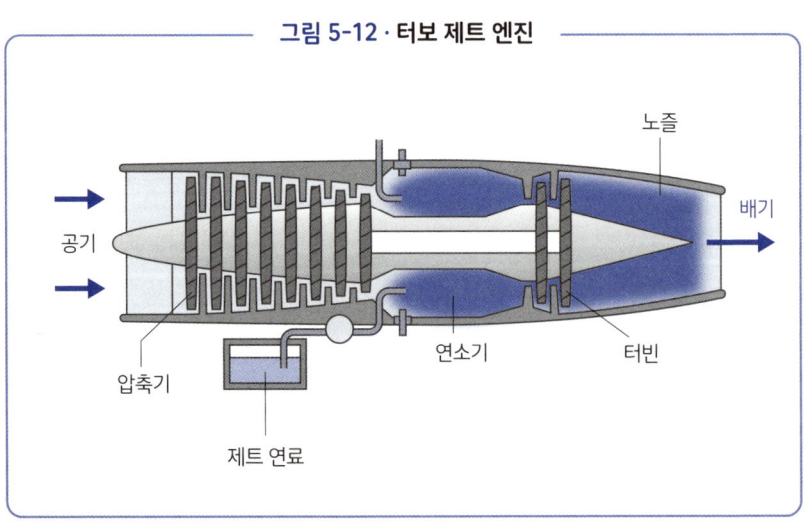

그림 5-12 · 터보 제트 엔진

의 1,600℃에 이르며, 냉각 공기로 터빈 블레이드를 냉각시키더라도 여전히 온도는 1,000℃를 넘는다.

오늘날에는 타이타늄 합금이나 내열 세라믹을 사용하여 고열에 대비하지만, 제2차 세계 대전 초기에는 고온에 견딜 수 있는 소재가 개발되지 않았기 때문에 당시 운용된 전투기의 제트 엔진은 안정적으로 작동하지 않았다. 냉각용 공기를 분사한다지만 1,000℃가 넘는 환경에서 10시간 넘게 비행한다는 점에서 현대 전투기의 내열성을 엿볼 수 있다.

터보 제트 엔진은 제트 전투기와 초기형 제트 여객기 보잉 707(4발 제트 수송기, 1957년 첫 비행)에 탑재되었다. 보잉 707에 탑재된 엔진은 프랫&휘트니에서 만든 JT3C 터보 제트 엔진이었다. 터보 제트 엔진은 프로펠러 추진식 비행기에 달린 왕복 엔진보다 훨씬 큰 추진력을 낼 수 있었지만, 소음이 크고 연비가 나쁘다는 단점이 있었다. 그리고 배기 속도가 지나치게 빨라 전투기 같은 고속기에는 적합했으나 여객기처럼 천음속 이하의 속도로 비행하는 기체에 탑재하기에는 효율적이지 못했다.

● **터보팬 엔진**

이러한 터보 제트 엔진의 단점을 보완한 터보팬 엔진이 등장했다. 터보팬 엔진은 압축기 앞에 장착된 커다란 팬을 통해 공기가 터보 제트 엔진 주위를 감싸듯이 흐르므로 엔진 냉각, 소음 경감, 추진력 강화 등의 효과를 얻을 수 있다. 터보 제트 엔진 내부로 들어간 공기의 양과 팬에 의해 엔진 바깥으로 흐르는 공기의 양의 비율을 바이패스 비(BPR)라고 하며, 이 비율은 시간이 흐를수록 점점 커졌다. 최신 터보팬 엔진의 바이패스 비는 1:10 이상이며, 추력은 대부분 팬에 의해 날아간 공기로 얻는다. 공항에서 여객기를 보면 엔진이 굵고 짧게 보이는데, 이는 앞쪽에 커다란 송풍 팬이 달려있기 때문이다. 제트 엔진 자체는 훨씬 작고 가늘다.

터보팬 엔진은 소음이 적다는 점도 큰 특징이다. 최근에는 공항에 이착륙할 때의 소음이 기준치를 초과하면 입항할 수 없는 공항도 있다. 제트 엔진의 소음은 터보 제

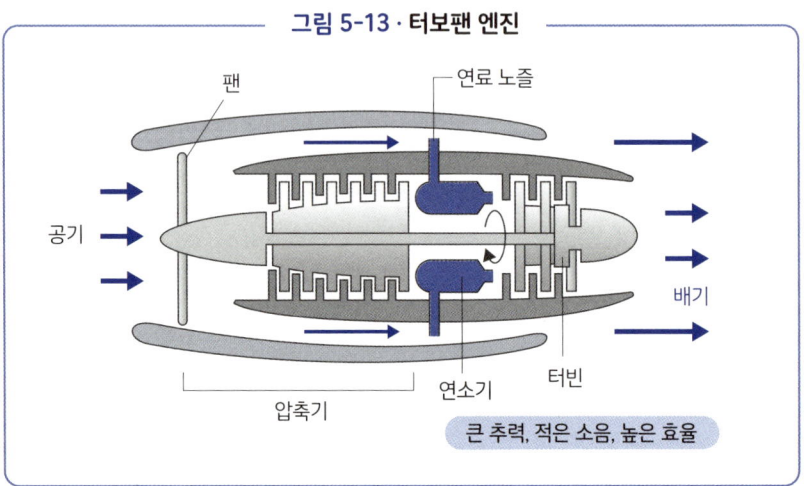

그림 5-13 · 터보팬 엔진

트의 배기가 주위 공기와의 경계 부분에서 소용돌이를 일으킬 때 발생한다. 이를 팬에서 흐르는 대량의 공기로 감싸 분류 전체의 속도를 떨어뜨리면 소음이 밖으로 새지 않는다.

● 초음속기의 개발

제2차 세계 대전 이후 실용적인 제트 엔진의 개발 및 발전은 편의성과 성능이 우수한 오늘날의 비행기로 이어졌다. 한편, 초음속 비행의 실현 역시 기술적으로 주목할 만하다. 음속(마하 1)을 넘으면 원뿔형으로 압축된 공기가 엄청나게 큰 충격음(소닉 붐)의 형태로 지면에 도달하는데, 이때 조파 항력이라는 큰 저항이 생긴다. 그러나 인류는 초음속 비행의 꿈을 포기하지 않았다.

로켓 엔진을 탑재한 미국의 벨 X-1은 1947년에 수평 비행으로 음속을 돌파하는 데 성공한 최초의 비행기였다. 로켓 엔진은 액체 연료 혹은 고체 연료를 연소하여 추력을 얻는 엔진으로, 이를 탑재한 기체는 비행기보다 미사일에 가까웠다. 그러나 사람이 타서 조종할 수 있었기에 비행기로 분류되었다.

이후 1967년에는 노스 아메리칸 X-15(1959년 첫 비행)가 마하 6.7을 기록했다. X-15

의 속도 기록은 지금까지도 가장 빠른 유인 비행기 속도로 남아 있다.

제트 엔진을 탑재한 비행기 중에는 1948년에 노스 아메리칸 XP-86(F-86 세이버의 프로토타입)이 '급강하 중'에 음속을 돌파했다.

1950년대에는 미국과 소련의 냉전이 이어지면서 양국은 앞다투어 상대보다 더 빠른 비행기를 개발하고자 했다. 그리고 적국 상공에 빠르게 진입하여 정찰하거나 폭탄을 떨어뜨린 다음 초음속으로 이탈하는 전법을 고안했다. 당대의 대표적인 초음속 전투기는 미국 록히드마틴에서 개발한 요격기 F-104이다. 최대 속도는 음속의 2배인 마하 2, 시속으로 환산하면 2,450km/h이다. 그 뒤로도 F-15, F-16, F/A-18 등 최고 속도가 마하 2인 초음속 전투기들이 등장했다.

최신 기체인 5세대 전투기 F-35와 F-22도 거의 비슷한 속도를 낸다. 오늘날에는 레이더로 목표물을 포착하여 가시거리를 아득히 뛰어넘은 거리에서 공격하는 전법을 취할 때가 많으므로 초음속은 그렇게까지 필요하지 않다.

세계에서 가장 빠른 비행기는 록히드마틴의 고고도 전략 정찰기 SR-71이다. 1964년에 첫 비행을 했으며, 최대 순항 속도는 마하 3.2를 기록했다.

● **여객기도 초음속으로**

영국과 프랑스에서 공동 개발한 콩코드는 초음속으로 비행하는 여객기이다. 최대 속도는 마하 약 2.04이며, 1969년에 첫 비행을 마치고 1976년부터 상용 운항을 하다가 2003년에 은퇴했다. 민간기는 육지 근처에서 초음속 비행을 할 수 없다는 규칙이 있다. 충격파로 생기는 큰 소리가 지상 사람들에게 피해를 주기 때문이다.

이 때문에 콩코드의 운항이 종료된 이후, 소닉 붐을 최대한 적게 일으키는 비행기를 만드는 연구가 이루어졌다. 현재 미국 NASA가 록히드마틴과 함께 개발하고 있는 X-59가 대표적이다. 고도 6만 피트를 마하 1.6으로 비행하는 것이 목표이며, 2020년 중반에 시험 비행을 했다.

미국의 민간 기업 붐 테크놀로지는 70여 명을 태우고 마하 1.7로 비행하는 초음속

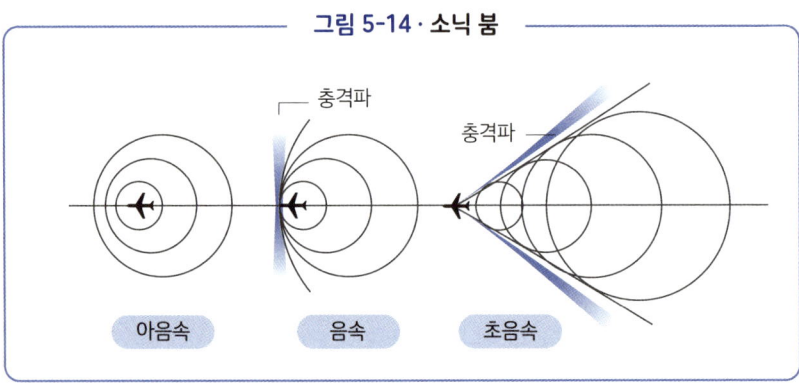

그림 5-14 · 소닉 붐

여객기를 개발하고 있는데, 2024년 3월에는 첫 비행에 성공했으며 이미 몇몇 항공사의 주문을 받은 상태이다.

그 밖에도 미국 NASA와 일본 JAXA가 공동 연구 중인 마하 4~5로 비행하는 초음속기가 있다. 이 속도라면 소닉 붐 대책 외에도 단열 압축에 의한 고온에 견디는 소재가 필요하며, 램제트 엔진이나 스크램제트 엔진 같은 극초음속 비행용 엔진도 새로 개발해야 한다. 그뿐만 아니라 엔진 냉각 기술, 기체의 구조 및 강도 등 해결해야 할 문제가 산더미처럼 쌓여 있으므로 극초음속기를 실제로 운용하기까지는 조금 시간이 걸릴 듯하다.

램제트 엔진은 압축기를 사용하지 않고 초음속으로 압축된 공기를 이용하는 자연 압축 방식으로 추력을 얻는다. 저속에서는 작동하지 않고 천음속을 넘는 초고속에서 효율적으로 작동하므로 음속을 넘기 전까지는 일반 제트 엔진으로 가속해야 한다. 그리고 공기가 엔진 내부에서 처음부터 끝까지 초음속으로 이동하므로 내부에서 연료 혼합, 점화, 배기 과정을 일괄적으로 수행하는 기술이 필요하다.

램제트 엔진의 개량형인 스크램제트 엔진은 마하 약 5로 비행할 수 있는 자연 흡기 엔진이다. 2004년에는 NASA의 무인 스크램제트 엔진 실험기 X-43이 고도 1만 m에서 B-52 폭격기에서 분리되어 더욱 높은 고도로 상승하여 마하 9.68을 기록했다.

초음속 비행 연표(국가를 따로 표시한 항공기 외에는 모두 미국제)

1947년 8월	벨 X-1. 로켓 비행기. 마하 1.015(비공식 기록).
1947년 10월	벨 X-1. 로켓 비행기. 마하 1.06(공식 기록).
1948년	XP-86. 제트 전투기. 급강하로 음속 돌파.
1953년	D-558-2. 스카이로켓. 마하 2.0.
1953년	YF-100. 제트 전투기. 마하 1.38.
1953년	X-1A. 로켓 비행기. 마하 2.435.
1953년	MiG-19. 제트 전투기(소련). 마하 1.35.
1954년	F-104. 제트 전투기. 마하 2.0.
1956년	X-2. 로켓 비행기. 마하 3.2.
1960년	X-15. 로켓 비행기. 마하 2.97.
1964년	SR-71. 제트 정찰기(실용기). 마하 3.2.
1967년	X-15. 로켓 비행기. 마하 6.70.
1969년	콩코드. 초음속 제트 여객기(영국·프랑스). 마하 2.04.
2004년	NASA 무인 스크램제트기. 마하 9.68.

현대 과학기술에 이름을 남긴 과학자

—— 오가와, 이지마, 후쿠시마

● 뇌 활동을 보는 fMRI

20세기 말인 1990년대부터 21세기에 걸쳐 뇌 기능에 관한 지식이 차례차례 밝혀지면서 새로운 지평이 열렸다. 시각 정보를 처리하는 부위는 대뇌 겉질 뒤쪽에 있는 시각 영역이고, 기억을 담당하는 부위는 해마라는 등 뇌의 어느 부분이 어떤 정보를 처리하는지는 전부터 어느 정도 알려져 있었다. 그러나 분해능이 높은 fMRI가 개발되면서 뇌의 활동을 상세히 관찰할 수 있게 되었다.

뇌과학에 크게 이바지한 이 신기술의 정식 명칭은 기능성 자기 공명 영상(fMRI)이다. 뇌의 활동 상태를 영상으로 촬영하여 시각과 청각 같은 정보가 뇌에 입력되었을 때 뇌의 어느 부분이 활동하는지 구체적으로 알 수 있다. 병원에서 병리 진단을 할 때 사용하는 MRI처럼 정적인 구조를 보는 게 아니라 뇌의 활동 상태를 실시간으로 확인할 수 있다는 장점이 있다.

강력한 자기장 속에 피험자를 두고 특정 자극을 주었을 때 생기는 뇌의 혈류 변화를 관찰하는데, 이때 활발하게 활동하는 부위를 분석하여 뇌 기능을 조사한다. 자극을 받은 뇌가 담당 부위에서 정보를 처리하면 해당 영역의 신경 세포가 에너지를 소비하면서 혈류량이 증가한다. 혈액 속의 헤모글로빈이 산소 분자와 결합할 때 나타나는 자기적 성질의 변화와 스핀 이완 상태를 분석하여 뇌의 활동을 파악하는 원리이다.

이 현상을 'BOLD(Blood Oxygenation Level Dependent) 효과'라고 하며, 1990년에 일본의 물리학자 오가와 세이지(1934~)가 발견했다.

● 무한한 가능성이 숨어 있는 탄소 나노 튜브

탄소 원자 한 겹으로 이루어진 판을 '그래핀', 그래핀을 튜브 형태로 만든 물질을 '탄소 나노 튜브(CNT)'라고 한다. 탄소 나노 튜브는 지름이 나노 단위인 매우 가느다란 물질이지만, 튼튼하고 열전도율과 전자 이동도가 매우 높아 각종 분야에 응용되는 신소재이다. 강도는 강철의 20배, 밀도는 알루미늄의 절반, 열전도율은 구리의 10배, 전자 이동도는 실리콘의 10배이며, 리튬 이온 전지의 전극에 사용하여 전도성을 높이는 등 반도체를 비롯한 전자 제품에 쓰인다. 특히 여러 겹으로 된 다층 탄소 나노 튜브는 강도가 매우 높아 테니스 라켓 같은 스포츠용품을 만들 때도 쓰인다.

탄소 나노 튜브를 발견한 인물은 1991년 NEC연구소의 특별 주석 연구원 이지마 스미오(1939~)이다. 연구실에서 탄소 원자로만 이루어진 풀러렌(C60)을 만드는 실험을 하던 도중 우연히 발견했다고 한다.

2010년 노벨 물리학상은 그래핀을 분리하는 데 성공한 영국 맨체스터대학의 안드레 가임(1958~)과 콘스탄틴 노보셀로프(1974~)에게 돌아갔다. 그래핀은 탄소 원자 한 층으로 이루어진 평면 구조의 물질로, 독특한 화학적·물리적 성질을 보이는 2차원 소재이다. 비록 노벨상을 받지는 못했지만, 탄소 나노 튜브의 발견은 그에 버금가는 업적이었다.

● 인공신경망의 기초 이론과 AI의 등장

최근 인공지능(AI)이 다양한 분야에 빠르게 도입되고 있다. AI는 어떻게 탄생했을까?

1930년대 당시 영국의 앨런 튜링은 튜링 머신(232쪽)이라는 개념을 제시했다. 그는 오늘날 컴퓨터의 계산 방식을 비롯한 기본적인 정보 처리 구조를 고안한 천재였다. 튜링 머신이야말로 최초의 인공지능일지도 모른다. 그렇다면 튜링 머신 같은 가상의 존재가 아니라 실질적인 인공지능은 언제 나타났을까?

인공지능이 과학기술의 역사에 최초로 등장한 무대는 1956년 미국 다트머스대학에서 열린 다트머스 회의였다. 인공지능 연구 초기의 대표적인 연구자인 마빈 민스키(1927~2016)와 존 매카시(1927~2011)를 비롯하여 저명한 연구자들이 참가한 역사적인 회의였다. 민스키는 시모어 페퍼트(1928~2016)와 함께 프로그래밍 언어 LOGO, 그리고 오늘날 인공신경망의 전신인 퍼셉트론을 개발한 인물이다.

다트머스 회의는 당시 정보과학, 인지과학, 인지심리학 등을 연구하던 과학자들은 물론 과학계 전반에 엄청난 충격을 안겨주었고, 결과적으로 제1차 AI 붐(1957~1970년대)이 일어나는 계기가 되었다. 당시는 미국에서 IBM이 베스트셀러가 될 메인프레임 '시스템/360'을 발표했고(1964), 대기업을 중심으로 기간산업에 급속도로 컴퓨터가 보급되던 시대였다. 기업이나 기관의 업무 처리에 적합한 대형 범용 컴퓨터인 메인프레임은 COBOL이나 FORTRAN이라는 프로그래밍 언어를 사용하며, 과학기술 계산은 물론 다양한 용도로 사용할 수 있는 범용성 덕에 큰 인기를 얻었다. 대량의 수치 계산을 고속으로 수행하는 메인프레임을 보고 사람들은 더 좋은 성능의 인공지능을 꿈꿨다. 이러한 배경 속에 제1차 AI 붐은 고조되었다.

제1차 AI 붐에서는 인간의 뇌처럼 추론할 수 있는 컴퓨터 연구가 주로 이루어졌으며, 기계 번역을 위한 자연 언어 처리 연구도 진행되었다. 1958년에는 오늘날 인공신경망의 기초가 되는 기술인 퍼셉트론이 개발되었다. 그리고 1964년에는 인공지능처럼 답하는 가상 인격 ELIZA가 등장했다. ELIZA는 상대의 말을 받아서 앵무새처럼 대답을 반복해 출력할 뿐인 단순한 프로그램이었지만, 사람들은 실제 인간과 대화하는 듯한 기분을 느꼈다고 한다. 이후 1980년경, 애플이 자사의 개인용 컴퓨터 매킨토시에 ELIZA를 소프트웨어로 제공하면서 당시 사람들은 초창기 AI 연구의 성과를 체험할 수 있게 되었다.

그러나 ELIZA는 대량 계산을 고속으로 수행할 수는 있어도 지능이라고 불릴 수준에는 미치지 못했고, AI 붐도 급속히 식어갔다.

1980년대에 일어난 제2차 AI 붐의 목표는 전문가 시스템 구축과 추론 가능한 컴퓨터의 구현이었다. 당시 일본은 통상산업성(현 경제산업성)을 중심으로 제5세대 컴퓨터 프로젝트(1982~1992)를 실시했다. 그러나 계산 속도뿐만 아니라 대량의 정보를 처리하는 알고리즘의 완성도가 부족한 탓에 컴퓨터의 성능은 목표에 이르지 못했다. 전문가 시스템의 목표는 의사의 전문 지식과 경험을 데이터베이스화하여 의사 대신 진찰할 수 있는 것이었지만, 이는 대량의 정보를 처리하지 못하고 실패에 그쳤다.

　더 큰 문제는 시스템의 사고가 지나치게 논리적이었다는 점이다. 언어의 호응 관계를 해석하고 이를 바탕으로 법칙성을 도출하여 기계 번역과 자연어 처리를 수행해야 했지만, 정보의 상관관계가 너무나 방대하여 구현할 수 없었던 것이다. 이렇게 제2차 AI 붐도 실망 속에 막을 내렸다.

● **21세기는 본격적인 AI의 시대**

2000년 초에 시작된 제3차 AI 붐은 아직 끝나지 않았다. 1998년, 래리 페이지(1973~)와 세르게이 브린(1973~)이라는 두 청년은 모두가 아는 거대한 인터넷 검색 시스템인 구글을 창립했다. 구글은 이용자가 검색하면 할수록 데이터가 대량으로 쌓이는 구조였다. 관련성이 높은 순으로 정렬하는 방식이 단순해 보일지 몰라도 데이터가 쌓이면서 도움이 되는 정보, 즉 많은 사람이 검색한 정보가 상단에 노출되는 아주 유용한 시스템이었다.

　제3차 AI 붐에서는 컴퓨터의 계산 능력이 향상했을 뿐만 아니라 개인의 PC가 인터넷에 연결되어 네트워크처럼 작용함으로써 방대한 정보(지식)가 순식간에 모여 급속도로 발전했다. 기록 매체인 하드디스크가 보급되면서 대량의 정보를 저장할 수 있게 되었고, 클라우드화를 통해 전 세계에 존재하는 무한에 가까운 정보를 담을 공간이 마련되었다.

　마치 빅 데이터처럼 대량의 정보를 다루는 정보 처리는 검색 시스템뿐만 아니라 실용적인 기계 번역과 정확한 음성 인식, 자연스러운 음성 합성 등 1·2차 AI 붐에서 고배를 맛보았던 과제들까지 단숨에 해결했다.

● **신경 컴퓨팅**

'정보를 대량으로 모아 최적의 해답을 구한다.' 이것이 현재 AI의 기본 조건이다. 고양이 그림이 그려진 종이에 구멍이 잔뜩 나 있다고 상상해보자. 하지만 여기저기 구멍이 뚫린 종이를 여러 장 겹쳐놓으면 어느 순간 고양이 그림이 드러난다.

단독으로는 애매한 정보라도 대량으로 모이면 의미 있는 정보를 도출할 수 있는데, 이는 뇌가 하는 작업의 핵심이기도 하다. AI는 정보를 여러 번 중첩 처리하는 뇌의 기능을 모방한 신경망이다. 오늘날 AI는 모두 신경망 구조를 기반으로 한다.

신경망은 1958년에 개발된 퍼셉트론에서 시작되었으며, 1986년에 진행된 '역전파'라는 신경망 알고리즘 연구를 거쳐 현대의 딥 러닝(심층 학습)으로 이어졌다. 그리고 2020년대에 들어 AI는 생성형 AI로 한 단계 진화했다. 이로써 자연스러운 문장을 구사하여 검색 결과를 제시하고, 이미지와 동영상 역시 더욱 정확하게 인식할 수 있게 되었다.

한편 1979년, 당시 NHK연구소에 재직 중이던 일본의 후쿠시마 구니히코(1936~)는 1979년에 네오코그니트론을 발명했다. 네오코그니트론은 기존 신경망 구조의 한계를 개선하고 보다 정교한 인식 방식을 구현한 개념이다. 후쿠시마 박사는 딥 러닝의 선구자라고 할 수 있다.

5장
연표(20세기)

과학기술의 역사

19세기	1897년	치올콥스키, 로켓 비행 이론 발표.
	1903년	최초의 유인 동력 비행기 플라이어 1호 첫 비행.
	1920년경	헐·자체크·하반, 각각 마그네트론 발명.
	1924년	야기, 야기 안테나 발명.
	1927년	오카베, 10GHz 전파를 발생시키는 마그네트론 발명.
	1935년	나카시마, 정보 이론 발표.
	1936년	튜링, 튜링 머신 발표.
	1941년	실용적인 제트 엔진을 탑재한 최초의 비행기 Me 262 첫 비행.
	1945년	일본 최초의 제트 엔진 네10 개발.
	1945년	네20을 탑재한 깃카 첫 비행.
	1947년	쇼클리·바딘·브래튼, 트랜지스터 발명.
	1947년	노이만, 노이만형 컴퓨터 고안.
20세기	1947년	벨 X-1, 최초로 음속 돌파.
	1948년	섀넌, 「통신의 수학적 이론」 발표.
	1952년	최초의 제트 여객기 DH.106 코멧, 운항 개시.
	1954년	I.D.E.A., 세계 최초의 트랜지스터라디오 Regency TR-1 출시.
	1954년	타운스, 메이저로 레이저의 기본 원리 발견.
	1955년	도쿄통신공업(현 SONY), 일본 최초의 트랜지스터라디오 TR-55 출시.
	1955년	이토카와, 일본 최초로 로켓 발사.
	1956년	다트머스 회의 개최. 인공지능 개념 등장.
	1957년	에사키, 터널 효과를 응용한 에사키 다이오드 발명.
	1957년	소련(현 러시아), 세계 최초의 인공위성 스푸트니크 1호 발사 성공.
	1958년	미국 최초의 인공위성 익스플로러 1호 발사.

제5장 정보 과학과 컴퓨터의 발달 ─ 20세기 후반

	1958년	뇌의 정보 처리를 모방한 퍼셉트론 등장. 오늘날 딥 러닝의 시초.
	1960년	메이먼, 고체 레이저 발명.
	1961년	소련(현 러시아), 가가린을 태운 보스토크 1호 발사. 최초의 유인 우주 비행.
	1964년	IBM, 시스템/360 발표. 사무 처리의 기계화.
	1965년	무어의 법칙 발표.
	1966년	가오, 통신용 광섬유 개발.
20세기	1969년	아폴로 11호, 달 착륙. 암스트롱·올드린, 달 표면 탐사.
	1969년	초음속 여객기 콩코드 첫 비행.
	1970년	코닝, 실용적인 광섬유 제조.
	1979년	후쿠시마, 네오코그니트론 발명.
	1982년	일본 통상산업성, 제5세대 컴퓨터 프로젝트 시행.
	1990년	오가와, BOLD 효과 발견. 뇌과학 발전.
	1991년	이지마, 탄소 나노 튜브 발견.
	1998년	페이지·브린, 구글 창립. 본격적인 AI 시대의 시작.

참고문헌

- 17page 『金属利用の歴史』東北大学総合学術博物館。http://www.museum.tohoku.ac.jp/old/past_kikaku/material%20research/annai/image/history%20of%20metal.pdf

- 18page 『記号の歴史』ジョルジュ・ジャン著、矢島文夫監修、1994年、創元社。

- 18page 『文字の歴史』ジョルジュ・ジャン著、矢島文夫監修、1990年、創元社。

- 22page 『電気の歴史をつくった偉大なできごと』、東北電力。https://www.tohoku-epco.co.jp/kids/adv04_03.html

- 30page 「大阪大学　社会技術共創研究センター　ELSIセンター」https://elsi.osaka-u.ac.jp/

- 35page 『暦の歴史』ジャクリーヌ・ド・ブルゴワン著、池上俊一監修、南条郁子訳、2001年、創元社。

- 38page 『数の歴史』ドゥニ・ゲージ著、藤原正彦監修、南条郁子訳、1998年、創元社。

- 43page CNN 『The Mona Lisa was set in this surprising Italian town, geologist claims』、2024年5月17日。

- 44page 『光の科学者たち、イブン・アル＝ハイサム』、キヤノンサイエンスラボ・キッズ。https://global.canon/ja/technology/kids/history/02_ibn_al_haytham.html

- 45page 『眼を動かしても世界が動かないのはなぜか』、ライフサイエンス領域融合レビュー、北澤 茂、大阪大学大学院生命機能研究科 ダイナミックブレインネットワーク研究室。https://leading.lifesciencedb.jp/4-e012

- 49page 『Hans Lippershey』、MOLECULAR EXPRESSION、Science, Optics & You Pioneers in Optics、https://micro.magnet.fsu.edu/optics/timeline/people/lippershey.html

- 49page 『ガリレオの望遠鏡　技術復元への調査記録』秋山晋一、『天文教育』2010年3月。

- 54page 『植物油 INFORMATION・油祖の地に蘇るエゴマ』日本植物油協会。https://www.oil.or.jp/info/75/page01.html

- 54page 『国盗り物語（一）』81page、司馬遼太郎、新潮文庫。

- 69page 『経度の測定とイギリス帝国』石橋悠人、京都大学大学院文学研究科。https://www.jstage.jst.go.jp/article/jhsj/53/271/53_311/_pdf/-char/ja

- 70page 『大航海時代とマリンクロノメーター』、セイコーミュージアム銀座。https://museum.seiko.co.jp/knowledge/relation_04/

- 78page 『光学薄膜技術の歴史と技術的動向』室谷裕志、東海大学工学部。https://www.jstage.jst.go.jp/article/sfj/71/10/71_590/_pdf/-char/ja

- 80page 『顕微鏡の歴史　3.顕微鏡の発明』日本顕微鏡工業会。https://microscope.jp/history/03.html

- 82page 『電子顕微鏡の原理』、一般社団法人日本分析機器工業会。
https://www.jaima.or.jp/jp/analytical/basic/em/principle/

- 83page 『A Boy And His Atom』、アメリカIBM基礎研究所。
https://www.youtube.com/watch?v=oSCX78-8-q0

- 84page 『紙の基礎知識、紙の歴史』、日本製紙連合会。
https://www.jpa.gr.jp/p-world/p_history/p_history_02.html

- 89page 『レオナルド・ダ・ヴィンチの手記（下）』、杉浦明平訳、岩波文庫。

- 95page 『Otto von Guericke』mk technology、ゲーリケの真空ポンプ。
https://www.mk-technology.com/?pageID=186

- 100page 『光速測定の歴史と天文学』、渡會兼也、「天文教育」2008年9月号。
https://tenkyo.net/kaiho/pdf/2008_09/2008-09-05.pdf

- 117page 『電池の歴史について、なるほど電池Q&A』、一般社団法人電池工業会。
https://www.baj.or.jp/battery/qa/

- 122page 『電気の歴史（日本の電気事業と社会）』、電気事業連合会。
https://www.fepc.or.jp/enterprise/rekishi/index.html

- 123page 『【日本のエネルギー、150年の歴史①】日本の近代エネルギー産業は、文明開化と共に産声を上げた』資源エネルギー庁、2018年。
https://www.enecho.meti.go.jp/about/special/johoteikyo/history1meiji.html

- 124page 『博覧会　近代技術の展示場、電灯』、国立国会図書館。
https://www.ndl.go.jp/exposition/s2/3.html

- 131page 『プリーストリ：「酸素の発見」と燃焼の本質』、2017年、化学と教育。

- 135page 日本無線「お役立ちコラム」、第3回「電気通信のはじまり」。
https://www.jrc.co.jp/casestudy/column/03

- 136page 『日本の電信の幕開け - 江戸末期から明治にかけて、日本は世界の国々とどのようにして結ばれていったのか』、ITUジャーナル Vol.46 No.7,2016.7。
https://www.ituaj.jp/wp-content/uploads/2016/07/2016_07-07-spotMakuake1.pdf

- 138page 『8章　ラジオ放送90年のあゆみ』、福田勝、映像情報メディア学会誌 Vol.69 No.3(2015)。
https://www.jstage.jst.go.jp/article/itej/69/3/69_215/_pdf

- 174page esa、LISA。https://sci.esa.int/web/lisa

- 176page 『放射線研究の幕開け〜レントゲンによるX線の発見〜』、首相官邸。
https://www.kantei.go.jp/saigai/senmonka_g51.html

- 176page 『X線管装置の技術の系統化調査』、神戸邦治、2017年、国立科学博物館。

- 180page 『放射線と放射能の性質』一般社団法人日本原子力文化財団。
https://www.jaero.or.jp/sogo/detail/cat-03-02.html

- 184page On the Planck-Einstein Relation、Peter L. Ward US Geological Survey retired, Science Is Never Settled, Inc., Jackson, Wyoming, U.S.A. October 5, 2020

- 184page 『プランクの公式』、「ミクロの世界」、九州大学。
https://ne.phys.kyushu-u.ac.jp/seminar/MicroWorld/Part3/P34/Planck_formula.htm

- 192page 『マヨラナ　消えた天才物理学者を追う』ジョアオ・マゲイジョ著、塩原通緒訳、2013年、NHK出版。

- 206page 『宇宙論入門──誕生から未来へ』佐藤勝彦著、2008年、岩波新書。

- 208page 『ミリタリーテクノロジーの物理学〈核兵器〉』、多田将、2015年、イースト新書Q

- 216page 『1947年　点接触トランジスタ発明（BTL）』、日本半導体歴史館。
https://www.shmj.or.jp/museum2010/exhibi304.htm

- 221page 『本土防空戦』、渡辺洋二、1981年、旧朝日ソノラマ。

- 231page 『Colladon's Fountain Sparkles』、AIP。
https://repository.aip.org/islandora/object/nbla:295577

- 234page 『通信の数学的理論　The Methematical Theory of Communication』、クロード・E・シャノン著、ワレン・ウィーバー著、植松友彦訳、2009年、ちくま学芸文庫。

- 251page 『NECの最先端技術　カーボンナノチューブの歴史』、NEC。
https://jpn.nec.com/rd/technologies/cnt/history/index.html

- 『新版　天文学史』、桜井邦朋、2007年、ちくま学芸文庫。

- 『工学の曙文庫』、金沢工業大学。https://www.kanazawa-it.ac.jp/dawn/index.html

- 『科学の事典』、岩波書店。

- 『世界史探究 新世界史』、山川出版社。

- 『高等学校 物理Ⅰ』、三省堂。

- 『高等学校 物理Ⅱ』、三省堂。

- 『高等学校 化学Ⅰ』、啓林館。

- 『高等学校 化学Ⅱ』、第一学習社。

(이 외에 수많은 웹사이트 및 서적·논문을 참고했습니다. 이에 감사를 표합니다.)